电力安全生产及防护

主 编 朱 鹏

内容简介

本书主要从人身触电伤害的防护、电力安全工器具的使用与管理、电气防火防爆及灭火装置使用、现场伤员紧急救治与搬运、电力安全生产事故处理等方面进行阐述，包含作为电力作业人员必须掌握和认知的知识面。本书力求内容系统完整，讲解深入浅出，通过对本书的学习，使学生更好地掌握电力安全生产及防护的知识。

本书编写语言通俗易懂，知识体系深浅适度，适用于高职高专电力电气类、安全类、自动化类专业，也可作为供电企业生产技能人员的安全用电培训教材。

为方便读者使用，本书配套有国家级职业教育电力系统自动化技术专业教学资源库相关资源。

图书在版编目（CIP）数据

电力安全生产及防护／朱鹏主编. —北京：北京理工大学出版社，2020.6
ISBN 978－7－5682－8565－0

Ⅰ.①电…　Ⅱ.①朱…　Ⅲ.①电力工业－安全生产　Ⅳ.①TM08

中国版本图书馆 CIP 数据核字（2020）第 102404 号

出版发行／北京理工大学出版社有限责任公司
社　　址／北京市海淀区中关村南大街 5 号
邮　　编／100081
电　　话／（010）68914775（总编室）
（010）82562903（教材售后服务热线）
（010）68948351（其他图书服务热线）
网　　址／http：//www.bitpress.com.cn
经　　销／全国各地新华书店
印　　刷／唐山富达印务有限公司
开　　本／787 毫米×1092 毫米　1/16
印　　张／13
字　　数／230 千字
版　　次／2020 年 6 月第 1 版　2020 年 6 月第 1 次印刷
定　　价／49.00 元

责任编辑／陈莉华
文案编辑／陈莉华
责任校对／周瑞红
责任印制／施胜娟

图书出现印装质量问题，请拨打售后服务热线，本社负责调换

本书数字资源获取说明

方法一

用微信等手机软件“扫一扫”功能，扫描本书中二维码，直接观看相关知识点视频。

方法二

Step1： 扫描下方二维码，下载安装“微知库”APP。

Step2： 打开“微知库”APP，点击页面中的“电力系统自动化技术”专业。

Step3： 点击“课程中心”选择相应课程。

Step4： 点击“报名”图标，随后图标会变成“学习”，点击“学习”即可使用“微知库”APP进行学习。

安卓客户端

IOS 客户端

前　言

安全生产事关人民群众生命财产安全和社会稳定大局。近年来，在党中央、国务院的正确领导下，在各地区、各部门的共同努力下，全国安全生产状况保持了总体稳定、持续好转的发展态势，但安全生产形势依然严峻。在中国共产党第十九次全国代表大会的报告中，习近平总书记提出“树立安全发展理念，弘扬生命至上、安全第一的思想，健全公共安全体系，完善安全生产责任制，坚决遏制重特大安全事故，提升防灾减灾救灾能力”的新要求。

本书是国家级职业教育电力系统自动化技术专业教学资源库标准化课程“电力安全生产及防护”的配套教材。为使本书更加实用、更加贴近行业，编写人员前往各类发电厂、变电所、供电公司、工厂变配电所及施工现场进行了大量的现场考察和实地调研，广泛征求电力从业人员对课程建设、教材编写的意见，与此同时结合电力系统工程技术人员对岗位技能、安全技术的要求，和他们进行了多次广泛而深入的讨论。同时，在编写原则上，突出以岗位能力为核心；在内容定位上，遵循“知识够用、为技能服务”的原则，突出针对性和实用性，并涵盖了电力行业最新的政策、标准、规程、规定及新设备、新技术、新知识、新工艺。

本书主要从人身触电伤害的防护、电力安全工器具的使用与管理，电气防火与防爆措施，现场伤员紧急救治与搬运，电力安全生产事故处理等方面进行阐述，包含作为电力作业人员必须掌握和认知的知识面。

本书的主要特点如下：

(1) 以“加强基础，拓展知识”为主线，在知识体系上围绕电力安全的基本知识、基本理论等进行论述，并配有相关国家级职业教育教学资源库配套资源，希望对读者有所启迪和帮助。

(2) 以“强化应用、培养技能”为重点，通过案例分析，注重培养学生电力安全实际工作技术，注重培养分析问题、解决问题的能力，注重培养学生从事该专业领域所必需的安全专业知识与技能，以及良好的团队协作精神。

本书由天津轻工职业技术学院朱鹏老师担任主编，进行全书的设计、选例和统稿工作。其中，项目一、项目三由天津轻工职业技术学院王义贵老师撰写，项目二由天津轻工职业技术学院翟永君老师撰写，项目四及附录由朱鹏老师撰写，项目五由内蒙古机电职业技术学院任晓丹老师撰写。

由于编者水平有限，书中难免存在一些错漏等不足之处，敬请广大读者批评指正。

编　者

目　　录

项目一　人身触电防护 ······ 1
　任务一　人身触电伤害事故类型及原因分析 ······ 2
　任务二　人身触电方式 ······ 7
　任务三　直接触电防触电措施 ······ 11
　任务四　间接触电防触电措施 ······ 22
项目二　电力安全工器具的使用与管理 ······ 42
　任务一　10 kV 跌落式开关的操作 ······ 42
　任务二　登杆作业专用器具的使用 ······ 59
　任务三　电力安全工器具的管理 ······ 67
项目三　电气防火防爆及灭火装置使用 ······ 76
　任务一　电气火灾爆炸事故基本知识 ······ 77
　任务二　电气火灾爆炸事故的原因分析 ······ 83
　任务三　防火防爆基本措施 ······ 85
　任务四　场所防火防爆措施制定 ······ 91
　任务五　灭火器类型及原理 ······ 93
　任务六　灭火器的性能指标及适用范围 ······ 97
　任务七　灭火器的使用及检查维护 ······ 100
　任务八　消火栓的使用及管理 ······ 103
项目四　现场伤员紧急救治与搬运 ······ 107
　任务一　作业者触电后急救 ······ 108
　任务二　作业者受外伤后急救 ······ 116
　任务三　心搏呼吸骤停伤员急救 ······ 127
　任务四　现场伤员骨折固定 ······ 136
　任务五　现场伤员搬运 ······ 141
项目五　电力安全生产事故处理 ······ 146
　任务一　电力安全生产事故案例分析 ······ 146
　任务二　电力安全生产事故调查与处理 ······ 160
附录 ······ 184
　附录 1　接触触电技术措施任务评价表 ······ 184
　附录 2　电力安全生产技能任务评价表 ······ 186
　附录 3　电力安全工具检查、使用与保管任务评价表 ······ 188

附录4 登杆作业任务评价表 …… 189
附录5 灭火器使用任务评价表 …… 191
附录6 电气防火措施任务评价表 …… 193
附录7 触电急救任务评价表 …… 194
附录8 电力生产典型事故分析任务评价表 …… 196
附录9 外出血救护实操考核表 …… 197
附录10 成人心肺复苏实操考核表 …… 198
附录11 四肢骨折救护实操考核表 …… 199
参考文献 …… 200

项目一

人身触电防护

项目引入

2018 年 6 月 1 日，×××电力输变电工程有限公司安排代维班组对某社区 10 kV 横岗线杜林支线变电站电线杆进行高扳移位作业。

8 时许，代维班组长刘某某带领 4 名工人鲁某某、陈某某、张某某、万某某来到作业现场开始进行高扳移位作业，辅助工陈某某攀爬至 10 kV 011 横岗线杜林支线电线杆顶端（距离地面约 12 m）安装临时拉线作业。随后，陈某某一直留在电线杆顶端等着线杆移位拉线作业完毕后，再将临时拉线拆除。

11 时许，10 kV 011 横岗线杜林支线电线杆高扳移位作业完成后，陈某某从电线杆顶端下移至变压器上方时，身体失衡，引起高压熔断器金属部分对陈某某左手臂放电，造成其触电从电线杆上 6 m 处跌落地面致电击伤，经送医院抢救无效，于当日 14 时 30 分许死亡。

直接原因：辅助工陈某某无证从事特种作业，在作业中未能与高压熔断器保持 0.7 m 的安全距离，导致高压熔断器金属部分对其身体放电，造成其触电死亡。

知识准备

学习人身触电伤害事故类型，让学生了解电击和电伤的相关知识，熟悉影响触电危险程度的因素，包括电流大小、电压大小、人体电阻、电源频率及电流流经人体的途径等。

在实际作业场所中，接触带电设备或线路时，为防止直接触电发生触电事故，确保操作人员的安全，需要采取相应的应对措施，可采用的措施包括绝缘、安全距离、屏护。针对高压和低压电线线路，要求有完善的技术措施。

现场作业环境中存在漏电线路或设备，容易发生间接触电事故，为减少人员伤亡和事故损失，应采取相应的安全技术措施，可采用的措施包括接地、安装漏电保护装置等。通过相关任务的学习，加强间接触电措施的理解和实际应用。

项目目标

(1) 了解电流对人体的伤害类型，掌握影响触电危险程度的因素及人体电流阈值和安全电压等内容。

(2) 掌握直接接触触电的方式和间接接触触电的方式，能够进行具体的分析和应用。

(3) 掌握直接触电防触电措施的类型，包括绝缘、安全距离、屏护的原理和相关要求。

(4) 掌握间接触电防触电措施，能够理解接地防触电的原理，能够针对具体的工作场所采取相应的防触电措施。

知识链接

任务一　人身触电伤害事故类型及原因分析

人体是导体，当人体接触到具有不同电位的两点时，由于电位差的作用，就会在人体内形成电流，这种现象就是触电。电流可能对人体构成多种伤害。例如，电流通过人体时，人体由于直接接受电流能量从而遭到电击，电能转换为热能作用于人体，致使人体受到烧伤或灼伤。人在电磁场照射下，吸收电磁场的能量也会受到伤害等。诸多伤害中，电击的伤害是最基本的形式。电流对人体构成的伤害与其他一些伤害不同，电流对人体的伤害事先没有任何预兆，伤害往往发生在瞬息之间，而且受伤害的人体一旦遭受电击后，防卫能力迅速降低。这两个特点都增加了电流伤害的危险性。

一、电流对人体的伤害类型

在日常生活中，一些电器使用不当，容易出现漏电的情况，然而，人体接触到电流时，会带来一定的伤害，伤害有哪些类型呢？电流对人体的伤害可分为电击和电伤（包括电灼伤、电烙印和皮肤金属化等）两大类。

（一）电击

电击就是通常所说的触电，绝大部分的触电死亡事故都是电击造成的。电击是电流通过人体时，机体组织受到刺激，肌肉不由自主地发生痉挛性收缩造成的伤害。严重的电击是指人的心脏、肺部神经系统的正常工作受到破坏，乃至危及生命的伤害，数十毫安的工频电流即可使人遭到致命的电击。电击致伤的部位主要在人体内部，而在人体外部不会留下明显痕迹。当人体在触及带电导体、漏电设备的金属外壳或距离高压电太近以及遭遇雷击、电容器放电等情况下，都可以导致电击。

50 mA（有效值）以上的工频交流电流通过人体时，一般既可能引起心室颤动或心脏停止跳动，也可能导致呼吸中止。如果通过人体的电流只有20~25 mA，一般不会直接引起心室颤动或心脏停止跳动，但如时间较长，仍可导致心脏停止跳动。心室颤动或心脏停止跳动，主要是由于呼吸中止，导致机体缺氧引起的，但当通过人体的电流超过数安时，由于刺激强烈，也可能先使呼吸中止；数安的电流流过人体，还可能导致严重烧伤甚至死亡。电休克是机体受到电流的强烈刺激，发生强烈的神经系统反射，使血液循环、呼吸及其他新陈代谢都发生障碍，以致神经系统受到抑制，出现血压急剧下降、脉搏减弱、呼吸衰竭、神志昏迷的现象。电休克状态可以延续数十分钟到数天，其后果既可能会得到有效的治疗而痊愈，也可能由于重要生命机能完全丧失而死亡。

（二）电伤

电伤是指触电时电流的热效应、化学效应以及电刺激对人体造成的伤害。造成电伤的电流都比较大，电伤多见于肌肉外部，而且在肌体上往往留下难以愈合的伤痕，但其伤害作用可能深入体内。与电击相比，电伤属局部性伤害。电伤的危险程度决定于受伤面积、受伤深度、受伤部位等因素。电伤包括电烧伤、电烙印、皮肤金属化、机械损伤、电光眼等多种伤害。

1. 电烧伤

电烧伤是最常见的电伤。大部分电击事故都会造成电烧伤。电烧伤可分为电流灼伤和电弧烧伤。电流越大、通电时间越长，电流途径的电阻越小，则电流灼伤越严重。由于人体与带电体接触的面积一般都不大，加之皮肤电阻又比较高，使得皮肤与带电体的接触部位产生较多的热量，受到严重的灼伤。当电流较大时，可能灼伤皮下组织。因为接近高压带电体时会发生击穿放电，所以，电流灼伤一般发生在低压电气设备上，往往数百毫安的电流即可导致灼伤，数安的电流将造成严重的灼伤。

2. 电烙印

电烙印是电流通过人体后，在皮肤表面接触部位留下与带电体形状相似的斑痕，如同烙印。斑痕处皮肤硬变，失去原有弹性和色泽，表层坏死，失去知觉。

3. 皮肤金属化

皮肤金属化是金属微粒渗入皮肤造成的，受伤部位变得粗糙而张紧。皮肤金属化多在弧光放电时发生，而且一般都伤在人体的裸露部位。当发生弧光放电时，与电弧烧伤相比，皮肤金属化不是主要伤害。

4. 机械损伤

机械损伤多数是由于电流作用于人体，使肌肉产生非自主的剧烈收缩造成的。其损伤包括肌腱、皮肤、血管、神经组织断裂以及关节脱位乃至骨折等。

5. 电光眼

电光眼表现为角膜和结膜发炎。在弧光放电时，红外线、可见光、紫外线都可能损伤眼睛。对于短暂的照射，紫外线是引起电光眼的主要原因。

"飞"来横祸之人身防护-课程思政
（微课）（视频文件）

二、 影响触电危险程度的因素

（一） 电流大小

不同的电流会引起人体不同的反应，按习惯，人们通常把电击电流分为感知电流、摆脱电流和室颤电流等。不同电流对人体的影响，如表1.1.1所示。

表1.1.1 不同电流对人体的影响

电流/mA	交流电（50 Hz）	直流电
0.6	开始有感觉，手指有麻感	无感觉
2	手指强烈麻痹，颤抖	无感觉
5	手指痉挛，手部剧痛，勉强可以摆脱带电体	感觉痒、刺痛、灼热
20	手迅速麻痹，不能摆脱带电体，剧痛，呼吸困难	手部轻微痉挛
50	呼吸麻痹，心室开始颤动	手部痉挛，呼吸困难
90	呼吸麻痹，持续3 s或更长时间后则心脏麻痹、心室颤动	呼吸麻痹

1. 感知电流

在一定概率下，通过人体引起人的任何感觉的最小电流称为感知电流。感知电流是不相同的。感知电流与个体生理特征、人体与电极的接触面积等因素有关。对应于概率为50%的感知电流，成年男子约为1.1 mA，成年女子约为0.7 mA。

2. 摆脱电流

摆脱电流是指能自主摆脱带电体的最大电流，是人体可以忍受而一般不致造成不良后果的电流。摆脱电流值与个体生理特征、电极形状、电极尺寸等因素有关。对于不同的人，摆脱电流也不相同，成年男性平均摆脱电流约为16 mA，成年女性约为10.5 mA；成年男性最小摆脱电流约为

9 mA，成年女性约为 6 mA。摆脱电源的能力是随着触电时间的延长而减弱的，也就是说，一旦触电后不能及时摆脱电源时，后果将是十分严重的。

电流大小超过摆脱电流值以后，触电者会感到异常痛苦、恐慌和难以忍受；如时间过长，则可能造成昏迷、窒息，甚至死亡。当触电电流略大于摆脱电流，触电者中枢神经麻痹及呼吸停止时，若立即切断电源，即可恢复呼吸并无不良影响。通过人体的电流超过感知电流时，肌肉收缩增加，刺痛感觉增强，感觉部位扩展，至电流增大到一定程度时，触电者将因肌肉收缩、产生痉挛而紧抓带电体，不能自行摆脱电极。

3. 室颤电流

室颤电流是指通过人体引起心室发生纤维性颤动的最小电流。人的室颤电流约为 50 mA。在心室颤动状态，心脏每分钟颤动 800 ~ 1 000 次以上，但幅值很小，而且没有规则，血液实际上中止了循环，一旦发生心室颤动，数分钟内即可导致死亡。

（1）人的体重越重，发生心室颤动的电流值就越大。

（2）一般来说，电流作用于人体的时间越长，发生心室颤动的电流就越小。

（3）当通电时间超过心脏搏动周期（人体的心脏搏动周期为 0. 75 s，是心脏完成收缩、舒张全过程一次所需要的时间）时，心室颤动的电流值急剧下降，也就是说，触电时间超过心脏搏动周期时，危险性急剧增加。可能引起心室颤动的直流电流通电时间为 0. 03 s 时约为 1 300 mA，3 s 时约为 500 mA。当电流频率不同时，对人体的伤害程度也不同，频率为 25 ~ 300 Hz 的交流电流，对人体的伤害最严重，频率为 1 000 Hz 以上时，对人体的伤害程度明显减轻。人体电流阈值，如表 1. 1. 2 所示。

表 1. 1. 2　人体电流阈值

项目	工频电流/mA		直流电流/mA	
	男性	女性	男性	女性
感知电流	1. 1	0. 7	5. 2	3. 5
摆脱电流	16	10. 5	76	51
室颤电流	50		500（3 s），1 300（0. 03 s）	

提示：女性较男性敏感，儿童较成人敏感，体重小的较体重大的敏感，患有心脏等疾病的人员，遭受电击的危险性较大。

（二）电压大小

当人体电阻一定时，作用于人体的电压越高，通过人体的电流越大。实际上，通过人体的电流大小并不与作用于人体上的电压成正比。这正是因为随着电压的升高，人体电阻因皮肤破损而下降，导致通过人体的电流迅速增加，从而对人体产生严重的伤害。

（三）人体电阻

人体电阻的大小是影响触电后人体受到伤害程度的重要物理因素。在一定的电流作用下，流经人体的电流大小和人体电阻成反比，因此人体电阻的大小与电击后果有一定的关系。人体电阻有表面电阻和体积电阻之分。对电击者来说，体积电阻的影响最为显著，但表面电阻有时却能对电击后果产生一定的抑制作用，使其转化为电伤。这是由于人体皮肤潮湿，表面电阻较小，使电流大部分从皮肤表面通过。过去认为，人体越潮湿，电击危害性越大，这种说法不是十分准确，因为表面电阻对电击后果的影响是比较复杂的，只有当总的表面电阻较低时，才有可能抑制电击。反之，当人体局部潮湿时，特别是如果只有触及带电部分的皮肤潮湿时，那就会大大增加电击的危险性。这是因为人体局部潮湿，对表面电阻值不产生很大的影响，电击电流不会大量从人体表面分流，将会使人体体积电阻下降，使电击的危害性增大。

人体电阻由体内电阻和皮肤组成，体内电阻基本稳定，约为500 Ω。接触电压为220 V时，人体电阻的平均值为1 900 Ω；接触电压为380 V时，人体电阻降为1 200 Ω。经过对大量试验数据的分析研究确定，人体电阻的平均值一般为2 000 Ω左右，而在计算和分析时，通常取下限值1 700 Ω。

一般在干燥环境中，人体电阻在2 000 Ω~20 MΩ范围内；皮肤出汗时，为1 000 Ω左右；皮肤有伤口时，为800 Ω左右。人体触电时，皮肤与带电体的接触面积越大，人体电阻越小。当人体接触带电体时，人体就被当作电路元件接入回路。人体阻抗通常包括外部阻抗（与触电当时所穿衣服、鞋袜以及身体的潮湿情况有关，从几千欧至几十兆欧不等）和内部阻抗（与触电者的皮肤阻抗和体内阻抗有关）。

一般认为，接触到真皮里，一只手臂或一条腿的电阻大约为500 Ω。因此，由一只手臂到另一只手臂或由一条腿到另一条腿的通路相当于一只1 000 Ω的电阻。假定一个人用双手紧握带电体，双脚站在水坑里而形成导电回路，这时人体电阻基本上就是体内电阻，约为500 Ω。一般情况下，人体电阻可按1 000~2 000 Ω考虑。

（四）电源频率

触电的伤害程度与电流的频率相关，各种频率触电死亡率统计数据如表1.1.3所示。

表1.1.3　各种频率触电死亡率

频率/Hz	10	25	50	60	80	100	120	200	500
死亡率/%	21	70	95	91	43	34	31	22	14

可见，频率为 30～60 Hz 的交流电易引起人体心室颤动，常用的 50 Hz的工频电流对人体的伤害程度最为严重。当电源的频率偏离工频越远，对人体的伤害程度越低。不过高频电流对人体依然是十分危险的。

（五）电流通过人体的途径

电流通过人体头部会使人昏迷而死亡；通过脊髓会导致截瘫及严重损伤；通过中枢神经或有关部位，会引起中枢神经系统强烈失调而导致残疾；通过心脏会造成心脏停止跳动而死亡；通过呼吸系统会造成窒息。实践证明，从左手至脚是最危险的电流路径，从右手到脚、从手到手也是很危险的路径，从脚到脚是危险较小的路径。电流途径与通过心脏电流的百分数如表 1.1.4 所示。

表 1.1.4　电流途径与通过心脏电流的百分数

电流通过人体的途径	通过心脏电流的百分数/%
从一只手到另一只手	3.3
从右手到脚	3.7
从左手到脚	6.4
从一只脚到另一只脚	0.4

人身触电防范措施（视频文件）

任务二　人身触电方式

发生触电的情况是多种多样的，一般将发生触电的情况大体分为直接接触触电和间接接触触电两大类。

一、直接接触触电

直接接触触电是触及设备和线路正常运行时的带电体时所发生的触电，也称为正常状态下的触电，直接接触触电分为单相触电和两相触电。

（一）单相触电

单相触电是指当人体接触带电设备或线路中的某一相导体时，一相电流通过人体经大地回到中性点，这种触电形式称为单相触电。根据国内外的统计资料，单相触电事故占全部触电事故的70%以上，因此，防止触电事故的技术措施应将单相触电作为重点。

1. 中性点接地系统中的单相触电

当人体触及单相导线，或者触及连在电网中的电气设备的任何一根带电导线时，电流便通过相线—人体—大地—变压器接地装置—变压器中性点—相线构成回路。这时人体所承受的电压接近相电压（视鞋至地的电阻而异）。通过人体的电流大小决定于上述电流回路的电阻，即决定于人体与带电体的接触电阻、人体电阻、人体与地面的接触电阻以及变压器接地装置的电阻。中性点接地系统中的单相触电电流回路如图 1. 2. 1 所示。

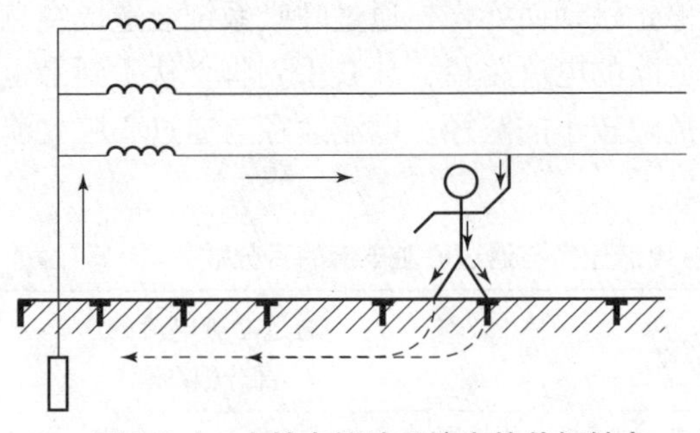

触电防护安全小卫士
（微课）（视频文件）

图 1. 2. 1　中性点接地系统中的单相触电

通过人体的电流为

$$I_r = \frac{U_P}{R_r + R_0}$$

式中　U_P——系统相电压，V；

R_0——系统的接地电阻，Ω；

R_r——人体电阻，Ω。

由于 R_0 比 R_r 小得多，可忽略不计。可见，中性点直接接地系统中发生单相触电时，通过人体的电流取决于系统相电压及人体电阻。例如，对于380/220 V 三相四线制系统，$U_P = 220$ V，$R_0 = 4$ Ω，$R_r = 1\ 000$ Ω，则

$$I_r = \frac{U_P}{R_r + R_0} = 219\ (\text{mA})$$

该值已远超过人体能够承受的电流值，足以致命。

针对上述，最主要的防范措施是增大 R_r。如人体站在干燥的木质地板、绝缘垫上或是穿绝缘鞋，这些材料的电阻值很高，高达 0. 5 ~1 MΩ，通过这样就能把流经人体的电流限制在 0. 22 ~0. 44 mA。因此，对于存在误触低压电部分的操作人员，在工作时，一定要按要求穿戴防护用品。

2. 中性点不接地系统中的单相触电

在这种系统中，供电系统的导线与大地之间存在着分布电容和漏电电阻，所以电流将经过人体和另外两相导线的对地电容和漏电电阻构成回路。该电流也可以危及人身安全，只是程度较轻。如果线路对地的绝缘电阻非常大，人又穿着胶鞋，则不致发生危险。因为电流的通路被隔断，泄漏电流（即通过人体的电流）非常小。但是，如果中性点不接地系统中发生一相接地故障而又未及时发现和处理，该系统就成了类似“两线一地”系统。这时人体触及不接地的一相导线时，便会承受接近线电压（即

380 V）的电压，如同两相触电，是非常危险的。中性点不接地系统中的单相触电电流通路如图 1. 2. 2 所示。

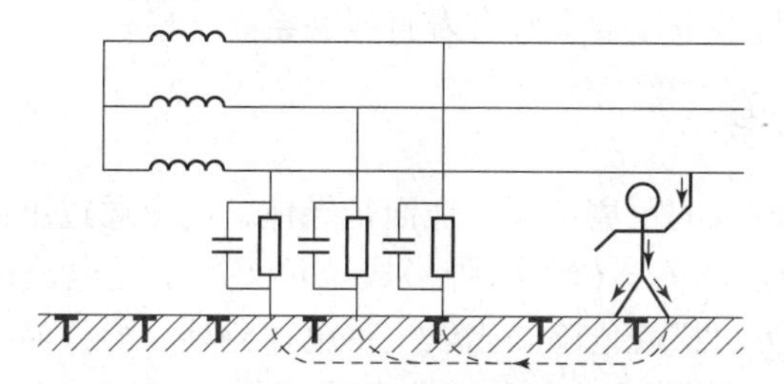

人身触电事故
原因分析（微课）

图 1. 2. 2　中性点不接地系统中的单相触电

在高压系统中，人体虽未直接接触带电体，但因安全距离不够，高压系统电弧对人体放电，也将形成单相触电。

（二） 两相触电

两相触电即人体的两处同时触及两相带电体的触电事故，这时人体承受的是 380 V 的线电压，其危险性一般比单相触电大。人体一旦接触两相带电体时电流比较大，轻微的会引起触电烧伤或导致残疾，严重的可以导致触电死亡事故，而且两相触电使人触电身亡的时间只有 1 ~2 s。人体的触电方式中，以两相触电最为危险。发生两相触电时，电流由一根导线通过人体流至另一根导线，作用于人体上的电压等于线电压。若 U_L =380 V，R_r = 1 000 Ω，则通过人体的电流为 380 mA。在高压系统中，人体同时接近不同相的任意两相带电体时，若发生电弧放电，两相电流经人体形成回路，由此形成的触电也属于两相触电。两相触电电流通路如图 1. 2. 3 所示。

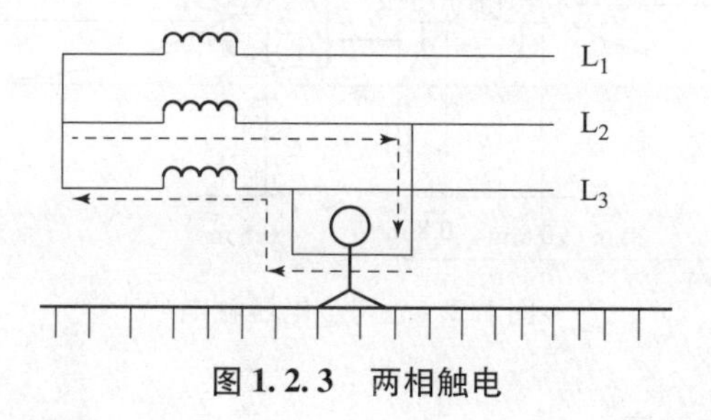

图 1. 2. 3　两相触电

二、 间接接触触电

间接接触触电是由于电气设备（包括各种用电设备）内部的绝缘故障，而造成其外露可导电部分（金属外壳）可能带有危险电压（在设备正常情况下，其外露可导电部分是不会带有电压的），当人员误接触到设备的外露可导电部分时，便可能发生触电。间接接触触电的主要形式有接触电压触电、跨步电压触电、雷电触电等。

（一） 接触电压触电

由于电气设备绝缘损坏，使设备漏电，金属外壳带电，当人员身体某部分对地绝缘不佳（例如脚踩地），另一部分（例如手）触及外壳而发生的触电，就是接触电压触电。手与脚两点之间呈现的电位差，叫作接触电压。触电伤害的结果与接触电压的大小有着直接关系。

（二）跨步电压触电

人的两脚距离落地电线的距离不等，地面是导体，电流通过不同距离时电阻不等，根据欧姆定律 $U=IR$，两脚形成电位差，于是电流通过人体。这时需将两脚并拢方可摆脱危险。当发生带电体碰地、导线断落在地面或雷击避雷针在接地极附近时，会有接地电流或雷击放电电流流入地下，电流在地中呈半球面向外散开。当人走进这一区域时，便有可能遭到电击，这种触电方式称为跨步电压触电。人受到跨步电压作用时，电流从一只脚经过腿、胯部流到另一只脚而使人遭到电击，进而人体可能倒卧在地，使人体与地面接触的部位发生改变，有可能使电流通过人体的重要器官而造成严重后果。离接地点越远，电位越低，遭跨步电压电击的危险越小。一般认为离接地点 20 m 以外，其电位为零。跨步电压触电示意如图 1.2.4 所示。

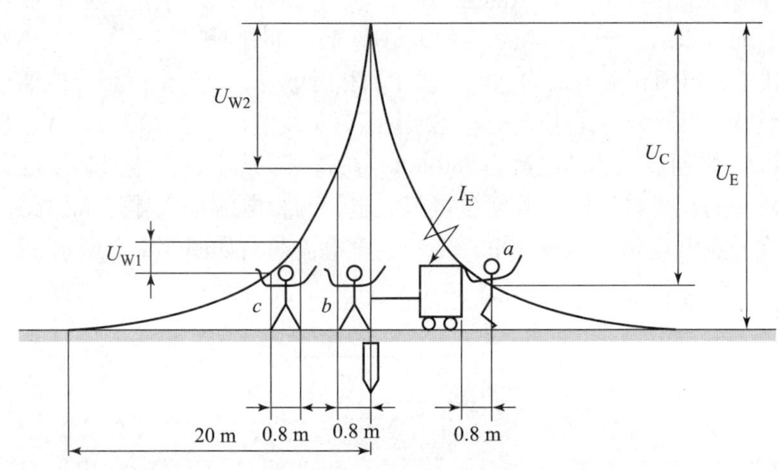

图 1.2.4　跨步电压触电

（三）雷击触电

雷电是自然界中的一种大规模静电放电现象，具有极大的破坏力，其破坏作用是综合的，包括电性质、热性质和机械性质的破坏。可以在瞬间击伤击毙人畜；毁坏发电机、电力变压器等电气设备的绝缘，引起短路导致火灾或爆炸事故。可以在极短的时间内转换成大量的热能，造成易燃物品的燃烧或造成金属熔化飞溅而引起火灾。

1. 雷电的形成和种类

雷电是大气中的放电现象，多形成在积雨云中，积雨云随着温度和气流的变化会不停地运动，运动中摩擦生电，就形成了带电荷的云层。某些云层带有正电荷，另一些云层带有负电荷。另外，由于静电感应常使云层下面的建筑、树木等有异性电荷。随着电荷的积累，雷云的电压逐渐升高，当带有不同电荷的雷云与大地凸出物相互接近到一定温度时，其间的电场超过 25 ~ 30 kV/cm，将发生激烈的放电，同时出现强烈的闪光。由于放电时温度高达 2 000 ℃，空气受热急剧膨胀，随之发生爆炸的轰鸣声，这就是闪电与雷鸣。雷电的大小和多少以及活动情况，与各个地区的地形、气象条件及所处的纬度有关。一般山地雷电比平原多，沿海地区比大陆腹地要多，建筑物越高，遭雷击的机会越多。雷电可分为以下 4 种。

（1）直击雷。直击雷是云层与地面凸出物之间的放电形成的。

（2）球形雷。球形雷是一种球形、发红光或极亮白光的火球，运动速度大约为 2 m/s。球形雷能从门、窗、烟囱等通道侵入室内，极其危险。

（3）雷电感应，也称感应雷。雷电感应分为静电感应和电磁感应两种。静电感应是由于雷云接近地面，在地面凸出物顶部感应出大量异性电荷所致。电磁感应是由于雷击后，巨大雷电流在周围空间产生迅速变化的强大磁场所致。

（4）雷电冲击波。雷电冲击波是由于雷击而在架空线路上或空中金属管道上产生的冲击电压沿线或管道迅速传播的雷电波。雷电可毁坏电气设备的绝缘，使高压窜入低压，造成严重的触电事故。例如，雷雨天，室内电气设备突然爆炸起火或损坏，人在屋内使用电器或打电话时突然遭电击身亡都属于这类事故。

2. 防雷措施

防雷措施主要是在建筑物上安装避雷针、避雷网、避雷带、避雷线、引下线和接地装置或在金属设备、供电线路上采取接地保护。

人被雷电袭击或触电都会导致伤亡，其因就是人是导电体，导电会破坏人体细胞，致人伤亡，因为人体导电会破坏人体细胞的分子结构。一旦遇到强电流通过或人体细胞中的导电元素全部参与导电时，其身体中的大化学分子就会彻底地解体而致使生命终结。雷电是伴有闪电和雷鸣的一种雄伟壮观而令人生畏的放电现象。雷电发生时产生的雷电流是主要的破坏源，其危害有直接雷击、感应雷击和由架空线引导的侵入雷。如各种照明、电信等设施使用的架空线都可能把雷电引入室内。雷击易发生的部位主要是缺少避雷设备或避雷设备不合格的高大建筑物、储罐等；没有良好接地的金属屋顶；潮湿或空旷地区的建筑物、树本等；烟囱（由于烟气的导电性，烟囱特别易遭雷击）；建筑物上有无线电而又没有避雷器和没有良好接地的地方。

任务三 直接触电防触电措施

一、 绝缘

绝缘防护是最普通、最基本，也是应用最广泛的安全防护措施之一。所谓绝缘防护就是使用绝缘材料将带电导体封护或隔离起来，使电气设备及线路能正常工作，防止人身触电事故的发生。例如导线的外包绝缘、变压器的油绝缘、敷设线路的绝缘子、塑料管、包扎裸露线头的绝缘胶布等，都是绝缘防护的实例。优质的绝缘材料、良好的绝缘性能，正确的绝缘措施是人身与设备安全的前提和保证。绝缘材料各种性能的降低、绝缘材料的损坏，都会导致电气事故的发生。

（一）绝缘材料

绝缘材料又称电介质，是指在直流电压作用下，不导电或导电极微的物质，其电阻率一般大于 10^{10} Ω·m。绝缘材料的主要作用是在电气设备中将不同电位的带电导体隔离开来，使电流能按一定的路径流通，还可起机械支撑和固定，以及灭弧、散热、储能、防潮、防霉或改善电场的电位分布和保护导体的作用。因此，要求绝缘材料有尽可能高的绝缘电阻、耐热性、耐潮性，还需要一定的机械强度。

1. 绝缘材料的主要性能指标

为了防止绝缘材料的绝缘性能损坏造成事故，必须使绝缘材料符合国家标准规定的性能指标。而绝缘材料的性能指标很多，各种绝缘材料的特性也各有不同，常用绝缘材料的主要性能指标有击穿强度、耐热性、绝缘电阻和机械强度等。

（1）击穿强度。绝缘材料在高于某一个数值的电场强度作用下，会损坏而失去绝缘性能，这种现象称为击穿。绝缘材料被击穿时的电场强度，称为击穿强度，单位为 kV/mm。

（2）耐热性。当温度升高时，绝缘材料的电阻、击穿强度、机械强度等性能都会降低。因此，要求绝缘材料在规定的温度下能长期工作且绝缘性能保证可靠。不同成分的绝缘材料的耐热程度不同，耐热等级可分为 Y、A、E、B、F、H、C 等 7 个等级，并对每个等级的绝缘材料规定了最高极限工作温度。

①Y 级。极限工作温度为 90 ℃，如木材、棉纱、纸纤维、醋酸纤维、聚酰等纺织品及易于热分解和熔化点低的塑料绝缘物。

②A 级。极限工作温度为 105 ℃，如漆包线、漆布、漆丝、油性漆及沥青等绝缘物。

③E 级。极限工作温度为 120 ℃，如玻璃布、油性树脂漆、高强度漆包线、乙酸乙烯耐热漆包线等绝缘物。

④B 级。极限工作温度为 130 ℃，如聚酯薄蜡、经相应树脂处理的云母、玻璃纤维、石棉、聚酯漆、聚酯漆包线等绝缘物。

⑤F 级。极限工作温度为 155 ℃，如用 F 级绝缘树脂黏合或浸渍、涂敷后的云母，玻璃丝，石棉，玻璃漆布以及以上述材料为基础的层压制品，云母、粉制品，化学热稳定性较好的聚酯和醇酸类材料，复合硅有机聚酯漆。

⑥H 级。极限工作温度为 180 ℃，如加厚 F 级材料、云母、有机硅云母制品、硅有机漆、硅有机橡胶聚酰亚胺复合玻璃布、复合薄膜、聚酰亚

胺漆等。

⑦C 级。极限工作温度大于 180 ℃，指不采用任何有机黏合剂及浸渍剂的无机物，如石英、石棉、云母、玻璃、陶瓷及四氟乙烯塑料等。

（3）绝缘电阻。绝缘材料呈现的电阻值为绝缘电阻，通常状态下，绝缘电阻一般达几十兆欧以上。绝缘电阻因温度、厚薄、表面状况（水分、污物等）的不同会存在较大差异。

（4）机械强度。根据各种绝缘材料的具体要求，相应规定的抗张、抗压、抗弯、抗剪、抗撕、抗冲击等各种强度指标，统称为机械强度。

（5）其他特性指标。有些绝缘材料以液态形式呈现，如各种绝缘漆，其特性指标就包含黏度、固定含量、酸值、干燥时间及胶化时间等。有的绝缘材料特性指标还涉及渗透性、耐油性、伸长率、收缩率、耐溶剂性、耐电弧等。

2. 绝缘材料的老化

绝缘材料在电场作用下将发生极化、电导、介质发热、击穿等物理现象，在承受电场作用的同时，还要经受机械、化学等诸多因素的影响，长期使用后将会出现老化现象。因此，电气产品的许多故障往往发生在绝缘部分。

电介质的老化是指电介质在长期运行中其电气性能、力学性能等随时间的增长而逐渐劣化的现象。其主要老化形式有电老化、热老化和环境老化等。

（1）电老化。多见于高压电器，产生的主要原因是绝缘材料在高压作用下发生局部放电。

（2）热老化。多见于低压电器，其机理是在温度作用下，绝缘材料内部成分氧化、裂解、变质，与水发生水解反应而逐渐失去绝缘性能。

（3）环境老化。又称大气老化，是由于紫外线、臭氧、盐雾、酸碱等因素引起的污染性化学老化。其中，紫外线是主要因素，臭氧则由电气设备的电晕或局部放电产生。

绝缘材料一旦发生了老化，其绝缘性能通常都不可恢复，工程上常用下列方法防止绝缘材料的老化：

（1）在绝缘材料制作过程中加入防老剂。

（2）户外用绝缘材料可添加紫外线吸收剂，或用隔层隔离阳光。

（3）湿热地带使用的绝缘材料，可加入防霉剂。

（4）加强电气设备局部防电晕、防放电的措施。

（二） 绝缘检测和绝缘试验

绝缘电阻是电气设备和电气线路最基本的绝缘指标。对于低压电气装置的交接试验，常温下电动机、配电设备和配电线路的绝缘电阻不应低于 0.5 MΩ（对于运行中的设备和线路，绝缘电阻不应低于 1 MΩ/kV）。低压电器及其连接电缆和二次回路的绝缘电阻一般不应低于 1 MΩ；在比较潮湿的环境不应低于 0.5 MΩ；二次回路小母线的绝缘电阻不应低于 10 MΩ。

I类手持电动工具的绝缘电阻不应低于2 MΩ。

兆欧表法适合用在测量没有安装到管道上的绝缘接头（法兰）的绝缘电阻值。测量的方法是：首先按照兆欧表测量的方法连接各处线路。测量导线与管道的连接比较适合采用磁性接头或者夹子，而且连接点必须要除去锈迹。然后测量仪器宜为500 V/500 MΩ（这里的误差不能大于百分之十）兆欧表。转动兆欧表手柄达到规定的转速，持续10 s，兆欧表稳定指示的电阻值即为绝缘接头（法兰）的绝缘电阻值，要求大于10 MΩ。

二、 安全距离

为了防止人体触及或过分接近带电体，或防止车辆和其他物体碰撞带电体，以及避免发生各种短路、火灾和爆炸事故，在人体与带电体之间、带电体与地面之间、带电体与带电体之间、带电体与其他物体和设施之间，都必须保持一定的距离，人体、物体等接近带电体而不发生危险的安全可靠距离称为安全距离。电气安全距离的大小，应符合有关电气安全规程的规定。安全距离应保证在各种可能的最大工作电压或过电压的作用下，不发生闪络放电，还应保证工作人员对电气设备巡视、操作、维护和检修时的绝对安全。

各类安全距离在国家颁布的有关规程中均有规定。当实际距离大于安全距离时，人体及设备才安全。安全距离既用于防止人体触及或过分接近带电体而发生触电，也用于防止车辆等物体碰撞或过分接近带电体以及带电体之间发生放电和短路而引起火灾和电气事故。安全距离分为线路安全距离、变配电设备安全距离和检修安全距离等。

（一） 线路安全距离

线路安全距离指导线与地面（水面）、杆塔构件、跨越物（包括电力线路和弱电线路）之间的最小允许距离。

1. 架空线路

架空线路主要指架空明线，架设在地面之上，是用绝缘子将输电导线固定在直立于地面的杆塔上以传输电能的输电线路。架空线路应广泛采用钢芯铝绞线或铝绞线。高压架空线的铝绞线截面不得小于50 mm^2，钢芯铝绞线截面不小于35 mm^2，空线截面不小于16 mm^2。导线截面应满足最大负荷时的需要。截面的选择还应满足电压损失不大于额定电压的5%（高压架空线）或2%～3%（对视觉要求较高的照明线路），并应满足一定的机械强度。为保障线路的安全运行，架空线路导线在松弛最大时与地面或水面的距离不应小于相关数值，如表1.3.1所示。

架空线路应避免跨越建筑物，不应跨越可燃材料作屋顶的建筑物。架空线路必须跨越建筑物时，应与有关部门协商并取得有关部门的同意，导线与建筑物的最小距离不得小于相关数值，如表1.3.2所示。

表 1.3.1　导线与地面或水面的最小距离

线路经过地区	线路电压/kV		
	<1	1～10	35
居民区/m	6.0	6.5	7.0
非居民区/m	5.0	5.5	6.0
交通困难区/m	4.0	4.5	5.0
步行可以达到的山坡/m	3.0	4.5	5.0
步行不能达到的山坡/m	1.0	1.5	3.0

表 1.3.2　导线与建筑物的最小距离

线路电压/kV	≤1	10	35
垂直距离/m	2.5	3.0	4.0
水平距离/m	1.0	1.5	3.0

架空线路导线与街道或厂区树木的距离不得小于相关数值，如表 1.3.3 所示。

表 1.3.3　导线与树木的最小距离

线路电压/kV	≤1	10	35
垂直距离/m	1.0	1.5	3.5
水平距离/m	1.0	2.0	—

2. 低压配电线路

低压配电线路是指由 380/220 V 电压供电的电力线路。按其结构不同可分为架空配电线路和地埋（电缆）配电线路两种。它的配电方式有单相两线制、三相三线制和三相四线制等形式。单相两线制一般供照明用电，三相三线制一般供动力用电（排灌用），三相四线制一般供照明和动力混合用电。

（1）接户线。配电线路与用户建筑物外第一个支持点之间的一段架空导线称为接户线。从接户线引入室内的一段导线称为进户线。接户线对地最小距离，如表 1.3.4 所示。

表 1.3.4　接户线对地最小距离

接户线种类		最小距离/m
高压接户线		4.0
低压接户线	一般	2.5
	跨越通车街道	6.0
	跨越通车困难街道	3.5
	跨越胡同	3.0
	沿墙敷设对地垂直距离	2.5

（2）低压接户线的线间最小距离，如表 1. 3. 5 所示。

表 1. 3. 5　低压接户线的线间最小距离　　m

架设方式	挡距	线间最小距离
自电杆上引下	≤25	0. 15
	>25	0. 20
沿墙敷设水平排列或垂直排列	≤6	0. 15
	>6	0. 20

3. 电缆线路

直埋电缆埋设深度不应小于 0. 7 m，并应位于冻土层之下。当电缆与热力管道接近时，电缆周围土壤温升不应超过 10 ℃，超过时，必须进行隔热处理。户内电缆线路应尽量明敷，埋入地下时应当穿管。户内电缆与热力管道之间的距离不得小于 1 m，否则需加隔热装置；电缆与其他管道之间的距离不得小于 0. 5 m，否则应采取适当防护措施；低压电缆之间的距离一般不小于 35 mm；高、低压电缆之间的距离一般不小于 150 mm。

（二） 变配电设备安全距离

变配电设备安全距离是指变配电设备带电体与其他带电体、接地体、各种遮栏等设施之间的最小允许距离。

1. 带电体间距

室内配电设备带电体与其他带电体或接地体之间的最小安全距离，如表 1. 3. 6 所示。当海拔高度超过 1 000 m 时，每升高 100 m，A 类值应增加 1%，B、C、D、E 类应增加 A 类值的增加值。

表 1. 3. 6　室内配电设备的最小安全距离　　cm

敷设条件	额定电压/kV								
	0. 4	1 ~3	6	10	15	20	35	60	110[②]
带电体至接地部分（A_1）	2	75	10	12. 5	15	18	30	55	85/95
不同相带电体之间（A_2）	2	75	19	12. 5	15	18	30	55	90/100
带电体至栅栏（B_1）	80	82	82. 5	85	87. 5	90	93	105	160/170
带电体至网状遮栏（B_2）	10	17. 5	22	22. 5	25	28	40	65	95/105
带电体至网状遮栏（B_3）	5	10. 5	15	15. 5	18	21	33	58	88/98

续表

敷设条件	额定电压/kV								
	0.4	1~3	6	10	15	20	35	60	110[②]
无遮栏裸导体至地（楼）面（C）	230	237.5	240	242.5	245	148	260	285	315/325
无遮栏裸导体之间的水平距离（D）[①]	187.5	187.5	190	192.5	195	198	210	235	265/275
出线套管至室外通道路面（E）	375	400	400	400	400	400	400	450	500/500
注：①指不同时停电检修情况。②110 kV 数据中，前者指中性点直接接地系统，后者指中性点不接地系统。									

2. 变压器间距

（1）室内变压器外壳，距门不应小于1.0 m，距墙不应小于0.8 m；35 kV 及以上的变压器，距门不应小于2 m，距墙不应小于1.5 m；变压器二次母线的支架，距地面不应小于2.3 m。

（2）安装在室外容量320 kV·A 及以下的柱上变压器底部，距地面不应小于2.5 m；室外变压器与周围的网状遮栏或围墙之间距离应满足变压器运输及维修的便利，有操作地方的宽度应为1.5~2 m；变压器高压跌开式熔断器对地距离不得低于4.5 m，相间距离不应小于0.7 m。

（三） 用电设备安全距离

车间低压配电箱底口距地面高度暗装时取1.4 m，明装时取1.2 m；明装电度表板底口距地面高度取1.8 m。常用开关设备的安装高度为1.3~1.5 m，为便于操作，开关手柄与建筑物之间应保持150 mm 的距离；墙用平开关离地面高度取1.4 m；明装插座离地面高度取1.3~1.5 m，暗装的可取0.2~0.3 m。

室内灯具高度应大于2.5 m，受实际条件约束达不到时，可减为2.2 m；低于2.2 m 时，应采取适当安全措施。当灯具位于桌面上方等人碰不到的地方时，高度可减为1.5 m。户外灯具高度应大于3 m；安装在墙上时可减为2.5 m。

对于起重机具至线路导线间的最小距离，1 kV 及11 kV 以下者不应小于1.5 m，10 kV 者不应小于2 m。

（四） 检修安全距离

在维护检修中人体及所带工具与带电体必须保持足够的安全距离。在低压工作中，人体与所携带的工具与带电体距离应不小于0.1 m。

高压作业时，各种作业类别所要求的最小安全距离，如表1.3.7所示。

表1.3.7 作业最小安全距离

类别	电压等级	
	10 kV	35 kV
无遮栏作业，人体及所携带工具与带电体之间①/m	0.7	1.0
无遮栏作业，人体及所携带工具与带电体之间，用绝缘杆作业/m	0.4	0.6
线路作业，人体及所携带工具与带电体之间②/m	1.0	2.5
带电水冲洗，小型喷嘴与带电体之间/m	0.4	0.6
喷灯或气焊火焰与带电体之间③/m	1.5	3.0

注：①距离不足时，应装设临时护栏；
②距离不足时，临近线路应当停电；
③火焰不应喷向带电体。

三、屏护

（一）屏护的概念、特点、种类

1. 概念

屏护是指采用专门的装置把危险的带电体同外界隔离开来，防止人体接触或过分接近带电体、电气设备发生短路，作为安全操作的安全防护措施。屏护装置主要包括遮栏、栅栏、围墙、罩盖、箱闸、保护网等。

2. 特点

屏护的特点是屏护装置不直接与带电体接触，对所用材料的电气性能无严格要求，但应有足够的机械强度和良好的耐火性能。

3. 种类

（1）屏护装置按作用不同，可分为屏蔽装置和障碍装置（或称阻挡物）两种。两者的区别在于：屏蔽装置可以防止人体有意识和无意识触及或接近带电体；障碍装置只能防止人体无意识触及或接近带电体，而不能防止有意识移开、绕过或翻越该障碍从而触及或接近带电体。从这点来说，前者属于一种完全的防护，而后者是一种不完全的防护。

（2）屏护装置按使用要求分为永久性屏护装置和临时性屏护装置两种。前者如配电装置的遮栏、开关的罩盖等；后者如检修工作中使用的临时屏护装置和临时设备的屏护装置等。

（3）屏护装置按使用对象分为固定屏护装置和移动屏护装置两种。如母线的护网就属于固定屏护装置；而跟随天车移动的天车滑线屏护装置就属于移动屏护装置。

（二）需要使用屏护的场合

屏护装置主要用于电气设备不便于绝缘或绝缘不足以保证安全的场合，具体有：

（1）开关电器的可动部分，例如闸刀开关的胶盖、铁壳开关的铁壳等。

（2）人体可能接近或触及的裸线、行车滑线、母线等。

（3）高压设备，无论是否有绝缘。

（4）安装在人体可能接近或触及的场所的变配电设备。

（5）在带电体附近作业时，作业人员与带电体之间、过道、入口等处应装设可移动临时性屏护装置。

（三）屏护装置的安全条件

就屏护的实质来说，屏护装置并没有真正“消除”触电危险，它仅仅起“隔离”作用。屏护一旦被逾越，触电的危险性仍然存在。因此，对电气设备实行屏护时，通常还要辅以其他安全措施。

（1）凡用金属材料制成的屏护装置，为了防止其意外带电，必须接地。

（2）屏护装置本身应有足够的尺寸，其与带电体之间应保持必要的距离。

（3）被屏护的带电部分应有明显的标志，如使用通用的符号或涂上规定的具有代表意义的专门颜色。

（4）在遮栏、栅栏等屏护装置上，应根据被屏护对象挂上“止步，高压危险”“当心有电”等警告牌。

（5）必要时应配合采用声光报警信号装置和联锁装置，即用光电指示“此处有电”，或当人越过屏护装置时，被屏护的带电体自动断电。

（四）高压配电设备的屏护装置

1. 高压配电设备屏护装置的使用

（1）1 kV、10 kV、20 kV、35 kV 户外（内）配电设备的裸露部分在跨越人行过道或作业区时，若导电部分对地高度分别小于 2. 7（2. 5）m、2. 8（2. 5）m、2. 9（2. 6）m，则该裸露部分两侧和底部应装设护网。

（2）室内母线分段部分、母线交叉部分及部分停电检修易误碰有电设备的，应设有明显标志的永久性隔离挡板（护网）。

（3）室内电气设备外绝缘体最低部位距地小于 2 300 mm 时，应装设固定遮栏。

（4）66 ~ 110 kV 屋外配电设备周围宜设置高度不低于 1 500 mm 的围栏，并应在围栏醒目地方设置警示牌。

（5）在安装有油断路器的屋内间隔应设置遮栏。

2. 高压配电设备屏护装置的尺寸要求

(1) 配电设备中电气设备的栅栏、遮栏高度不应小于1 200 mm，栅栏、遮栏最低栏杆至地面的净距不应大于200 mm。

(2) 配电设备中电气设备的网状遮栏高度不应小于1 700 mm，网状遮栏网孔不应大于40 mm×40 mm，围栏门应加锁。

四、 人身触电事故案例分析

×××电力工程“6.1”触电死亡事故调查报告

2018年6月1日11时许，在某社区10 kV横岗线杜林支线变电站，×××电力输变电工程有限公司施工作业现场发生一起触电事故，造成1人死亡，直接经济损失约112万元人民币。

根据《安全生产法》《生产安全事故报告和调查处理规定》（市政府令第268号）的有关规定，受区人民政府委托，区安监局牵头组织区监委、公安分局、总工会等有关部门，并邀请区检察院参加，组成事故调查组，共同对该起事故展开调查。事故调查组通过现场勘察、询问相关人员后，查明了事故发生的经过和原因，认定了事故的性质和责任，提出了对相关责任单位的处理意见和防范措施的建议，现将有关情况报告如下。

一、事故基本情况

（一）事故发生单位基本情况

×××电力输变电工程有限公司，于2018年2月28日在某区市场监督管理局登记注册，法定代表人为濮某某，公司类型为有限责任公司，注册资本为2 058万元人民币，统一社会信用代码为913201151××××××，经营范围为承装（修、试）电力设施，土石方工程施工，电线、电缆、电力器材销售，钢管塔、铁塔制造加工，道路普通货物运输，市政公用工程施工，提供建筑劳务（劳务派遣除外）。依法须经批准的项目，经相关部门批准后方可开展经营活动。住所：××××××××。

二、事故发生经过和事故救援情况

2018年6月1日，×××电力输变电工程有限公司安排代维班组对某区横溪街道某社区10 kV横岗线杜林支线变电站电线杆进行高扳移位作业。8时许，代维班组长时某某带领4名工人鲁某某、陈某某、张某某、万某某来到作业现场开始进行高扳移位作业，辅助工陈某某攀爬至10 kV 011横岗线杜林支线电线杆顶端（距离地面约12 m）安装临时拉线作业。随后，陈某某一直留在电线杆顶端等着线杆移位拉线作业完毕后，再将临时拉线拆除。

11时许，10 kV 011横岗线杜林支线电线杆高扳移位作业完成后，陈某某从电线杆顶端下移至变压器上方时，身体失衡，引起高压熔断器金属部分对陈某某左手臂放电，造成其触电从电线杆上6 m处跌落地面致电击伤，经送同仁医院抢救无效，于当日14时30分许死亡。

三、事故造成的人员伤亡和直接经济损失

（一）人员伤亡情况

此事故类别：触电，造成 1 人死亡。

死者：陈某某，男，25 岁，甘肃康县人，身份证号码为 621×××××××××××419，居住在某省×县××××社，职务系某电力输变电工程有限公司辅助工。

（二）直接经济损失

该起事故造成直接经济损失约 112 万元人民币。

四、事故发生的原因和性质

（一）事故发生的原因

1. 直接原因

辅助工陈某某无证从事特种作业，在作业中未能与高压熔断器保持 0.7 m 的安全距离，导致高压熔断器金属部分对其身体放电，造成其触电死亡。

2. 间接原因

（1）×××电力输变电工程有限公司违反规定，安排无特种作业资格的人员从事特种作业。

（2）×××电力输变电工程有限公司未按要求办理高扳移位作业工作票，施工现场安全管理缺失，未安排专职监护人员，作业前未向作业人员进行书面的安全技术交底，并且未如实告知作业场所存在的危险因素和防范措施。

（3）×××电力输变电工程有限公司未监督、教育作业人员正确佩戴、使用符合国家标准或者行业标准的劳动防护用品。

（4）×××电力输变电工程有限公司法定代表人濮某某，未履行安全生产法定管理职责，未及时消除生产安全事故隐患。

（二）事故性质

事故调查组认为：这是一起一般生产安全责任事故。

五、事故责任的认定以及对事故责任者的处理建议

（1）×××电力输变电工程有限公司辅助工陈某某无证从事特种作业，在作业中未按规定佩戴高压绝缘手套等防护用品，对该起事故的发生负有责任，鉴于其在本起事故中已死亡，故不予追究。

（2）×××电力输变电工程有限公司法定代表人濮某某，未督促、检查本单位的安全生产工作，及时消除生产安全事故隐患。违反了《安全生产法》第十八条“生产经营单位的主要负责人对本单位安全生产工作负有下列职责：（五）督促、检查本单位的安全生产工作，及时消除生产安全事故隐患”的规定。建议安监部门依法对南京禹盛电力输变电工程有限公司法定代表人濮某某予以行政处罚。

（3）×××电力输变电工程有限公司未按要求办理高扳移位作业工作票，未安排专职监护人员，作业前未向作业人员如实告知作业场所存在的

危险因素和防范措施；特种作业人员未按照国家相关规定取得特种作业资格证就被安排上岗作业；未监督、教育作业人员正确佩戴、使用符合国家标准或者行业标准的劳动防护用品。

以上行为违反了“《国家电网公司电力安全工作规程》（电力线路部分）2.3：落实工作票制度，办理作业工作票。《安全生产法》第二十七条：生产经营单位的特种作业人员必须按照国家有关规定经专门的安全作业培训，取得相应资格，方可上岗作业。第四十二条：生产经营单位必须为从业人员提供符合国家标准或者行业标准的劳动防护用品，并监督、教育从业人员按照使用规则佩戴、使用”的规定。因此，×××电力输变电工程有限公司对该起事故的发生负主要责任，建议安监部门依法予以行政处罚。

六、事故防范和整改措施

（1）×××电力输变电工程有限公司要加强对作业现场的监督和管理，掌握作业现场的安全动态，及时消除各类不安全因素，采取扎实有效的措施，确保生产安全。

（2）×××电力输变电工程有限公司的特种作业人员必须按照国家有关规定经专门的安全作业培训，取得相应资格，方可上岗作业，杜绝无证人员进行特种作业。

（3）×××电力输变电工程有限公司应当监督、教育作业人员正确佩戴、使用符合国家标准或者行业标准的劳动防护用品，并向作业人员如实告知作业场所和工作岗位存在的危险因素、防范措施以及事故应急措施，作业现场安排专门人员进行现场安全管理，确保操作规程的遵守和安全措施的落实。

（4）×××电力输变电工程有限公司应该针对该起事故，认真分析事故原因，吸取教训，在今后的生产作业过程中严格遵守国家相关法律法规，杜绝各类事故的发生。

触电伤亡事故预防措施（视频文件）

任务四　间接触电防触电措施

在正常情况下电气设备不带电的外露金属部分，如金属外壳、金属护罩和金属构架等，在发生漏电等金属性短路故障时就会出现危险的接触电，此时人体触及这些外露的金属部分产生的触电，称为间接接触触电。在电气设备、线路等出现故障的情况下，为避免发生人身触电伤亡事故而进行的防护，称为间接接触触电防护，或称为防止间接接触带电体的保护。

一、接地

接地指电力系统和电气装置的中性点、电气设备的外露导电部分和装置外导电部分经由导体与大地相连。接地可以分为工作接地、防雷接地和保护接地等。

（一）接地装置

接地装置由接地体和接地线组成。直接与土壤接触的金属导体称为接地体。电工设备接地点与接地体连接的金属导体称为接地线。接地体可分为自然接地体和人工接地体两类。

1. 自然接地体

（1）埋在地下的自来水管及其他金属管道（液体燃料和易燃、易爆气体的管道除外）。

（2）金属井管。

（3）建筑物和构筑物与大地接触的或水下的金属结构。

（4）建筑物的钢筋混凝土基础等。

2. 人工接地体

人工接地体可用垂直埋置的角钢、圆钢或钢管，以及水平埋置的圆钢、扁钢等，当土壤有强烈腐蚀性时，应将接地体表面镀锡或热镀锌，并适当加大截面。

水平接地体一般可用直径为 8 ~ 10 mm 的圆钢。垂直接地体的钢管长度一般为 2 ~ 3 m，钢管外径为 35 ~ 50 mm，角钢尺寸一般为 40 mm × 40 mm × 4 mm 或 50 mm × 50 mm × 4 mm。人工接地体的顶端应埋入地表面下 0.5 ~ 1.5 m 处。这个深度以下，土壤电导率受季节影响变动较小，接地电阻稳定，且不易遭受外力破坏。

（二）接地电阻

接地电阻主要是电流在地下流散途径中土壤的电阻。接地体与土壤接触的电阻以及接地体本身的电阻小，可以忽略。电网中发生接地短路时，短路电流通过接地体向大地近似作半球形流散（接地体附近并非半球形，流散电流分布依接地体形状而异）。因为球面积与半径平方成正比，所以流散电流所通过的截面随着远离接地体而迅速增大。因电阻与电流通道的截面积成反比，故与半球形面积对应的土壤电阻随着远离接地体而迅速减小。一般情况下，接地装置散泄电流时，离单个接地体 20 m 处的电位实际上已接近零电位。

接地电阻值与土壤电导率、接地体形状、尺寸和布置方式、电流频率等因素有关。通常根据对接地电阻值的要求，确定应埋置的接地体形状、尺寸、数量及其布置方式，对于土壤电阻率高的地区（如山区），为了节约金属材料，可以采取改善土壤电导率的措施，在接地体周围土壤中填充电导率高的物质或在接地体周围填充一层降阻剂（含有水和强介质的固化树脂）等，以降低接地电阻值。接地体流入雷电流时，由于雷电流幅值很大，接地体上的电位很高，在接地体周围的土壤中会产生强烈的火花放电，土壤电导率相应增大，相当于降低了散流电阻。

（三） 接地的分类

根据接地装置的工作特点，接地可分为工作接地、保护接地、防雷接地、静电接地及屏蔽接地等。

工作接地就是由电力系统运行需要而设置的（如中性点接地），因此在正常情况下就会有电流长期流过接地电极，但是只是几安培到几十安培的不平衡电流。在系统发生接地故障时，会有上千安培的工作电流流过接地电极，然而该电流会被继电保护装置在 0.05～0.1 s 内切除，即使是后备保护，动作一般也在 1 s 以内。

防雷接地是为了消除过电压危险影响而设的接地，如避雷针、避雷线和避雷器的接地。防雷接地只是在雷电冲击的作用下才会有电流流过，流过防雷接地电极的雷电流幅值可达数十至上百千安培，但是持续时间很短。

静电接地是将带静电物体或有可能产生静电的物体（非绝缘体）通过导静电体与大地构成电气回路。静电接地电阻一般要求不大于 10 Ω。防静电工程中静电防护区的地线较为常用的敷设方法有两种：一种是专门从埋设的地线接地体引出的接地线，单独敷设到生产线的防静电作业岗位，以便作静电泄漏之用，单独敷设的接地导线通常使用大于 1 mm 厚、约 25 mm宽镀锌铁皮或用截面大于 6 mm^2 的铜芯软线单独引入；二是采用三相五线制供电系统中的地线，引出电源零线的同时，单独引出大地地线作防静电接地母线，工程上称作“一点引出电阻隔离”，电源主变电箱至大地的接地电阻应小于 4 Ω。在一般情况下静电接地可以和保护接地或有重复接地的工作接地共用一个接地体。静电接地应尽可能避开和某些精密仪器的信号接地、微小参量仪器的接地共用一个接地体。因为静电接地泄放静电时有可能产生较高脉冲，对仪器产生干扰。

屏蔽接地，为了防止电磁干扰，在屏蔽体与地或干扰源的金属壳体之间所做的永久良好的电气连接。

保护接地，是为防止电气装置的金属外壳、配电装置的构架和线路杆塔等带电危及人身和设备安全而进行的接地。保护接地就是将正常情况下不带电，而在绝缘材料损坏后或其他情况下可能带电的电器金属部分（即与带电部分相绝缘的金属结构部分）用导线与接地体可靠连接起来的一种保护接线方式。接地保护一般用于配电变压器中性点不直接接地（三相三线制）的供电系统中，用以保证当电气设备因绝缘损坏而漏电时产生的对地电压不超过安全范围。

装设接地线方法（视频文件）

二、 防间接接触触电的基本措施

防间接接触触电的主要技术措施有保护接地、保护接零、装设剩余电流动作保护器、采用安全电压等。

（一） 保护接地

保护接地是为了防止设备因绝缘损坏带电而危及人身安全所设的接地，如电力设备的金属外壳、钢筋混凝土杆和金属杆塔。保护接地只是在设备绝缘损坏的情况下才会有电流流过，其值可以在较大范围内变动。低压配电系统的保护接地有 IT 和 TT 两种。其中，第一个字母表示电力系统的对地关系，T 表示系统一点直接接地（通常指中性点直接接地），I 表示所有带电部分不接地或通过阻抗及等值线路接地；第二个字母 T 表示独立于电力系统的可接地点直接接地。在供电系统里，若由于电气设备绝缘出了各种故障现象，都会造成电气设备正常情况下不应该携带电荷的部分突然带电，或使电气设备正常情况下应该加载上低压电的部分突然变为加载上高压电，都会造成人身触电事故。为了杜绝出现该现象，要采取一定的保护措施，一般情况下采取电气设备保护接地的防护措施。

1. 保护接地（IT 系统）

保护接地就是将电气设备在故障情况下可能呈现危险电压的金属部位经接地线、接地体同大地紧密地连接起来，其原理是通过低电阻接地，把故障电压限制在安全范围以内。但应注意漏电状态并未因保护接地而消失。如图 1.4.1 所示为 IT 系统保护原理示意图。

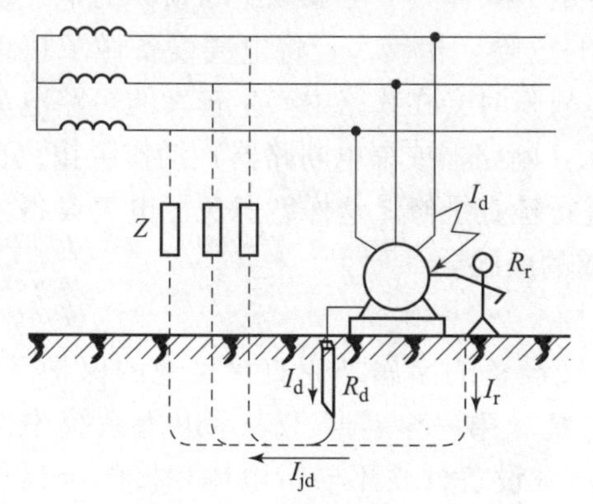

图 1.4.1 IT 系统保护原理

低压配电系统与大地的联系方式（微课）（视频文件）

有保护接地电阻 R_d 时，由于 R_d 与人体电阻并联，且 $R_d \ll R_r$，因此可将漏电设备对地电压限制在安全范围之内。

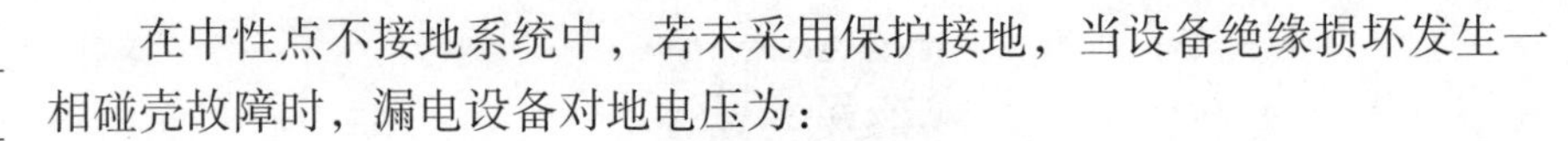

在中性点不接地系统中，若未采用保护接地，当设备绝缘损坏发生一相碰壳故障时，漏电设备对地电压为：

$$U_{d}=\frac{3R_{r}}{|3R_{r}+Z|}U_{P}$$

式中 U_{d}——漏电设备对地电压，即人体触电电压，V；

U_{P}——系统的相电压，V；

R_{r}——人体电阻，Ω；

Z——系统每相对地复电阻，Ω。

当人体接触该设备时，故障电流 I_{jd} 将全部通过人体流入地中，这显然是危险的。

若设备外壳采用保护接地，则接地体的接地电阻与人体电阻形成并联电路，接地短路电流将同时沿着接地体、人体与系统相对地的绝缘阻抗 Z 形成回路，则流过人体的电流只是 I_{jd} 的一部分，如图 1.4.1 所示。

因为 $R_{r}\ll Z$，故设备对地电压大大降低，只要控制 R_{d} 足够小，就可将漏电设备对地电压限制在安全范围之内。

采用 IT 系统中漏电设备对地电压为：

$$U_{d}=\frac{3(R_{r}/\!/R_{d})}{|3(R_{r}/\!/R_{d})+Z|}U_{P}$$

式中 R_{d}——保护接地电阻，Ω。

由于 $R_{r}\gg R_{d}$，故 $R_{r}/\!/R_{d}\approx R_{d}$，故上式可简化为：

$$U_{d}=\frac{3R_{d}}{|3R_{d}+Z|}U_{P}$$

可见，采取保护接地后，漏电设备对地电压大大降低。只要把 R_{d} 限制在适当范围内，就可以将漏电设备对地电压控制在安全电压范围内，从而减小人体触电的危险，起到保护人身安全的作用。一般低压系统中，接地电阻小于 4 Ω，触电危险可得以解除。

如果家用电器未采用接地保护，当某一部分的绝缘损坏或某一相线碰及外壳时，家用电器的外壳将带电，人体万一触及该绝缘损坏的电气设备外壳（构架）时，就会有触电的危险。相反，若将电气设备做了接地保护，则出现单相接地短路或漏电故障时会在线路中产生较大的短路电流或漏电电流，从而使上级保护器件（断路器或漏电断路器）动作脱扣，自动切断故障线路电源，以便及时进行检查维修。这样就避免了电气设备漏电状态运行对人身（或设备）构成的威胁。

2. 保护接地（TT 系统）

TT 方式供电系统是指将电气设备的金属外壳直接接地的保护系统，称为保护接地系统，也称 TT 系统。第一个符号 T 表示电力系统中性点直接接地；第二个符号 T 表示负载设备外露不与带电体相接的金属导电部分与大地直接连接，而与系统如何接地无关。TT 系统原理如图 1.4.2 所示。

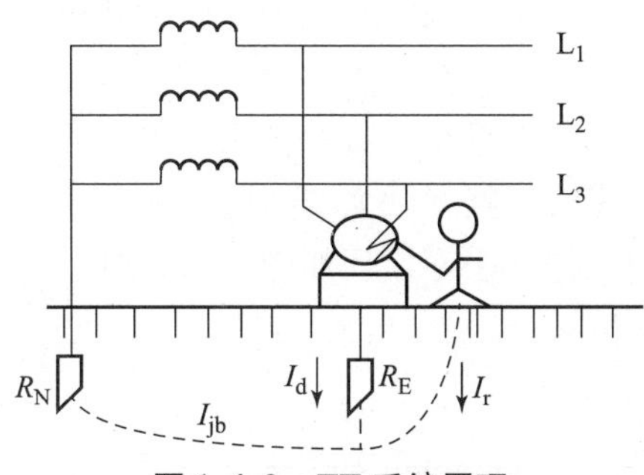

图 1.4.2　TT 系统原理

TT 系统的接地电阻 R_E 虽然可以大幅度降低漏电设备上的故障电压，使触电危险性降低，但单凭 R_E 的作用一般不能将触电危险性降低到安全范围以内。另外，由于故障回路中串联有 R_E 和 R_N，故障电流不会大，可能不足以使保护电器动作，故障得不到迅速切除。因此 TT 系统必须装设剩余电流保护装置或过流保护装置，并优先采用前者。

TT 系统的主要优点：

（1）能抑制高压线与低压线搭连或配变高低压绕组间绝缘击穿时低压电网出现的过电压。

（2）对低压电网的雷击过电压有一定的泄漏能力。

（3）与低压电器外壳不接地相比，在电器发生碰壳事故时，可降低外壳的对地电压，因而可减轻人身触电危害程度。

（4）由于单相接地时接地电流比较大，可使保护装置（漏电保护器）可靠动作，及时切除故障。

TT 系统的主要缺点：

（1）低、高压线路雷击时，配变可能发生正、逆变换过电压。

（2）低压电器外壳接地的保护效果不及 IT 系统。

（3）当电气设备的金属外壳带电（相线碰壳或设备绝缘损坏而漏电）时，由于有接地保护，可以大大减少触电的危险性。但是，低压断路器（自动开关）不一定能跳闸，造成漏电设备的外壳对地电压高于安全电压，属于危险电压。

（4）当漏电电流比较小时，即使有熔断器也不一定能熔断，所以还需要漏电保护器作保护，因此 TT 系统难以推广。

（5）TT 系统接地装置耗用钢材多，而且难以回收、费工时、费料。

（二）保护接零（TN 系统）

保护接零是指电气设备在正常情况下，不带电的金属部分与零线做良好的金属或者导体连接。当某一相绝缘损坏致使电源相线碰壳，电气设备的外壳及导体部分带电时，因为外壳及导体部分采取了接零措施，该相线和零线构成回路。

由于单相短路电流很大，使线路保护的熔断器熔断，从而使设备与电源断开，避免了人身触电伤害的可能性。虽然保护接零也能降低漏电设备的故障电压，但一般不能降低到安全范围以内，其第一位的安全作用是迅速切断电源。

将设备外壳导电部分与系统零线相连接，在熔断器 FU 的配合下，当设备漏电时，该相与零线短路，巨大的短路电流可使熔断器迅速动作，从而切断故障部分电源。保护接零原理如图 1.4.3 所示。

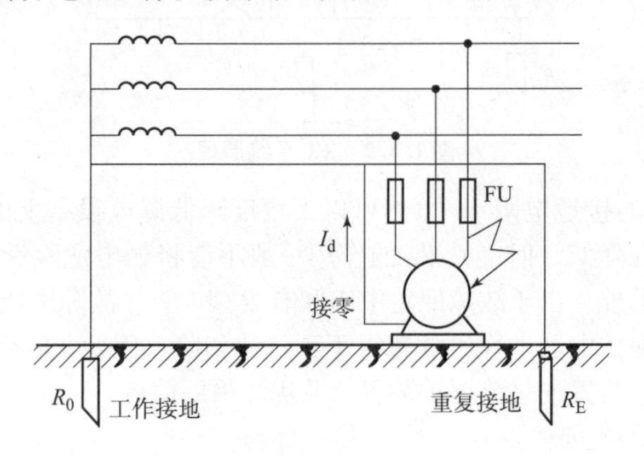

图 1.4.3　保护接零原理

所谓保护接零，就是将电气设备的金属外壳、构架等部位与电网的零线进行连接。在电网中，如果通过中性点接地的方式进行保护，在这种情况下，由于单相对地电流过大，进而难以确保人体不受触电的危害。如果采用保护接零的方式对电气设备进行保护处理，那么短路电流（击穿电器外壳绝缘的电流）一般大于 27.5 A，只要对保护装置的动作电流进行科学合理的选择设置即可。如果单相短路是由绝缘击穿引发，并且短路电流比较大，在这种情况下，电源完全可以被保护装置迅速切断，进而在一定程度上最大限度地避免触电危险。

综上所述，在接地电网中，与保护接地方式相比，保护接零方式在规避用电设备外壳带电伤人风险方面优越性更加突出。

TN 系统分为 TN－S，TN－C－S，TN－C 三种类型。TN－S 是 PE 线与 N 线完全分开的系统；TN－C－S 系统是干线部分的前一段 PE 线与 N 线共用为 PEN 线，后一段 PE 线与 N 线分开的系统；TN－C 系统是干线部分 PE 线与 N 线完全公用的系统，应注意，支线部分的 PE 线是不能与 N 线共用的。TN－S 系统安全性能最好，正常工作条件下，外露导电部分和保护导体均应呈现零电位，被称为最“干净”的系统。有爆炸危险、火灾危险性大及其他安全要求高的场所应采用 TN－S 系统；厂内低压配电的场所及民用楼房采用 TN－C－S 系统；触电危险性小、用电设备简单的场合可采用 TN－C 系统。

1. TN－C 系统

具有三条相线（L_1，L_2，L_3），一条保护中性线（PEN），即三相四线系统，称为 TN－C 系统。

整个系统的中性线 N 与保护线 PE 是合一的。在这种系统中由于电气设备的外壳接到保护中性线 PEN 上，当一相绝缘损坏与外壳相连短路时，则由该相线、设备外壳、保护中性线形成闭合回路。这时，电流一般来说是比较大的，从而引起保护器件（空气开关）动作，使故障设备脱离电源线。

TN－C 系统由于是将保护线与中性线合一的，所以通常适用于三相负荷比较平衡，且单相负荷容量较小的场所。中性线 N 兼当保护线 PE，PEN 线重复接地（一般距离 50 m 要重复接地一次）。该系统一般用在建筑物变电/供电区域场所。TN－C 系统如图 1.4.4 所示。

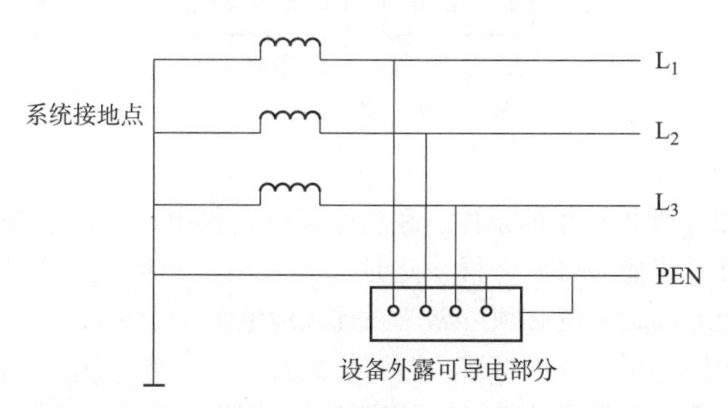

图 1.4.4　TN－C 系统

2. TN－S 系统

具有三条相线（L_1，L_2，L_3），一条工作中性线（N）和一条保护线（PE），即三相五线制系统，称为 TN－S 系统。整个系统的中性线 N 与保护线 PE 是分开的。即将设备外壳接在保护线 PE 上，在正常情况下，保护线上没有电流流过，所以外壳不带电。如果分开的地网相距不远，宜将分开的地网互连。TN－S 系统如图 1.4.5 所示。

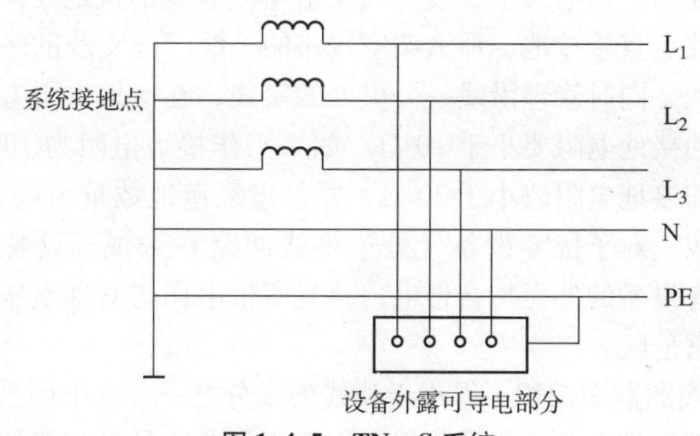

图 1.4.5　TN－S 系统

3. TN－C－S 系统

具有三条相线（L_1，L_2，L_3），一条保护中性线（PEN），又有部分电路实行 N 和 PE 线分开设置的，称为 TN－C－S 系统。该系统中有一部分采用中性线与保护线合一的 PEN 线，局部采用专设的保护线。该系统是建筑物的供电一般由区域变电所引来的场所，进户之前采用 TN－C 系统，进户处重复接地，进户后变成 TN－S 系统，如图 1.4.6 所示。

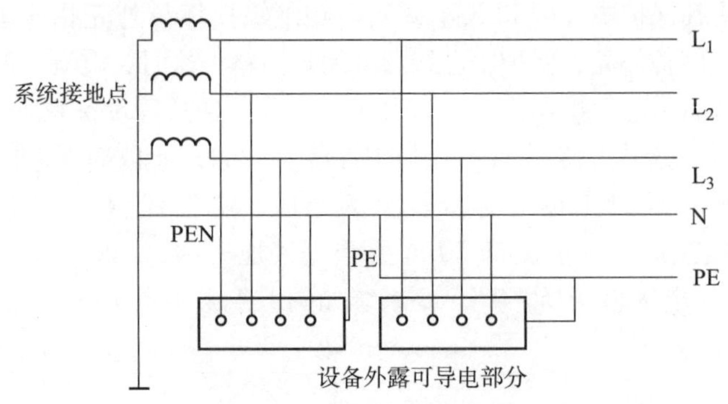

图 1.4.6 TN－C－S 系统

4. 其他要求

（1）采用保护接零的条件。在实际运行过程中，如果电源中性点接地良好，并且零线能够可靠运行，此时可以采用保护接零的方式进行处理。在工作接地方面，系统必须可靠，并且接地电阻小于 4 Ω。

在单相回路中，可以将熔断器和开关安装在工作零线上。但是，不能将相应的熔断器和开关安装在三相四线制线路的零线上，其主要原因如下：

①如果零线回路被断开，那么将会引发相电压，进而在一定程度上引起触电事故。

②如果零线回路被断开，由于三相负载处于平衡状态，在这种情况下，将会影响相电压的对称性，进而损坏电器。

（2）工作零线重复接地。在工作中，对于工作零线回路来说，为了避免出现断开现象，一方面对中性点进行接地处理，另一方面对工作零线进行重复接地处理。在电网中，按照《交流电气装置的接地设计规范》的规定，如果中性点直接接地，那么架空线路的干线、分支线的终端需要进行重复接地处理，同时管理沿线一公里处的零线，在接地电阻方面，每一重复接地装置的接地电阻要小于 10 Ω。如果工作接地电阻为 10 Ω，那么重复接地装置的接地电阻应小于 30 Ω，并且重复接地数量超过 3 处。否则，如果零线断线，对于接零设备（处于零线回路）来说，只要设备外壳带电，那么所有设备的外壳均会带电，并且所带电压与对地电压相等，出现这种现象非常危险。

（3）零线的截面面积不得小于相线的二分之一。在电网系统中，零线通常情况下不会带电，或者电流很小，单相负荷除外，与相线相比，所以零线的截面比较小。但是，从安全性、可靠性的角度来说，对于零线保护，可以将零线阻抗设置得应尽量小，这样在发生故障时，可以有足够大的短路电流刺激保护装置及时、准确地动作，进而在发生故障时，可以有效地降低零线的对地电压。所以，零线的截面面积要适当地增大。在线路中，当满足单相负荷要求时，那么在截面面积方面，零线要大于相线的二分之一。

（4）设备的保护零线与工作零线要牢固连接。导线在实际使用过程中，只有连接牢靠，导线之间接触才能确保良好性。对于保护零线来说，需要在设备的专用接地螺丝上连接保护零线，必要的情况下，可以适当增加弹簧垫圈或者进行焊接处理，进一步确保彼此之间连接的良好性。另外，最好不使用铝线对接零线进行处理。在不易受到机械损伤的地方设置设备的保护零线与工作零线的连接部位。

（5）单相负荷线路保护零线不得借用工作零线，否则，如果接零线路松落或折断，将会使设备金属外壳带电或当零线与火线接反时使外壳带电。

（6）在同一低压电网中，保护接地与保护接零不能混合使用。否则，如果接地设备发生故障，零线电位就会被升高。对于电压来说，其接触电压与相电压相当，使得触电的危险性进一步增加。

（7）在选择、整定保护设备的额定电流时，必须严格遵守安全要求。保护接零从本质上说，就是当用电设备发生漏电事故时，通过零线可以形成回路，使漏电流进一步增大，通过增大电流在一定程度上刺激保护装置切断电源。

（8）采用保护接零对用电设备进行管理，并不能完全做到防触电。电器外壳与电源火线连接引发的严重故障，通过保护接零的方式可以进行避免，如果电器外壳引发的漏电故障，则不能通过保护接零的方式进行排除，为了消除电器外壳的漏电故障，需要配合其他的保护措施。

保护接地既适用于一般不接地的高低压电网，也适用于采取了其他安全措施（如装设漏电保护器）的低压电网；保护接零只适用于中性点直接接地的低压电网。

（三）剩余电流动作保护

剩余电流动作保护又称漏电保护，是利用剩余电流动作保护装置来防止电气事故的一种安全技术措施。所谓剩余电流，是指流过剩余电流动作保护装置主回路电流瞬时值的相量和（用有效值表示）。剩余电流动作保护装置（Residual Current Operated Protective Device，简称为 RCD）是防止人身触电、电气火灾及电气设备损坏的一种有效的防护措施。剩余电流动作保护装置的主要功能是提供间接接触触电电击防护，而额定漏电动作电流不大于30 mA的剩余电流动作保护装置，在其他保护措施失效时，也可作为直接接触电击的补充防护，但不能作为基本的保护措施。

1. 剩余电流动作保护装置的工作原理

漏电保护器主要包括检测元件（零序电流互感器）、中间环节（包括放大器、比较器、脱扣器等）、执行元件（主开关）以及试验元件等几个部分。在被保护电路工作正常，没有发生漏电或触电的情况下，由克希荷夫定律可知，通过 TA 一次侧的电流相量和等于零。这样 TA 的二次侧不产生感应电动势，漏电保护器不动作，系统保持正常供电。当被保护电路发生漏电或有人触电时，由于漏电电流的存在，通过 TA 一次侧各相电流的相量和不再等于零，产生了漏电电流 I_k。在铁芯中出现了交变磁通。在交变磁通作用下，TA 二次侧线圈就有感应电动势产生，此漏电信号经中间环节进行处理和比较，当达到预定值时，使主开关分励脱扣器线圈 TA 通电，驱动主开关 GF 自动跳闸，切断故障电，从而实现保护。漏电保护器工作原理如图 1.4.7 所示。

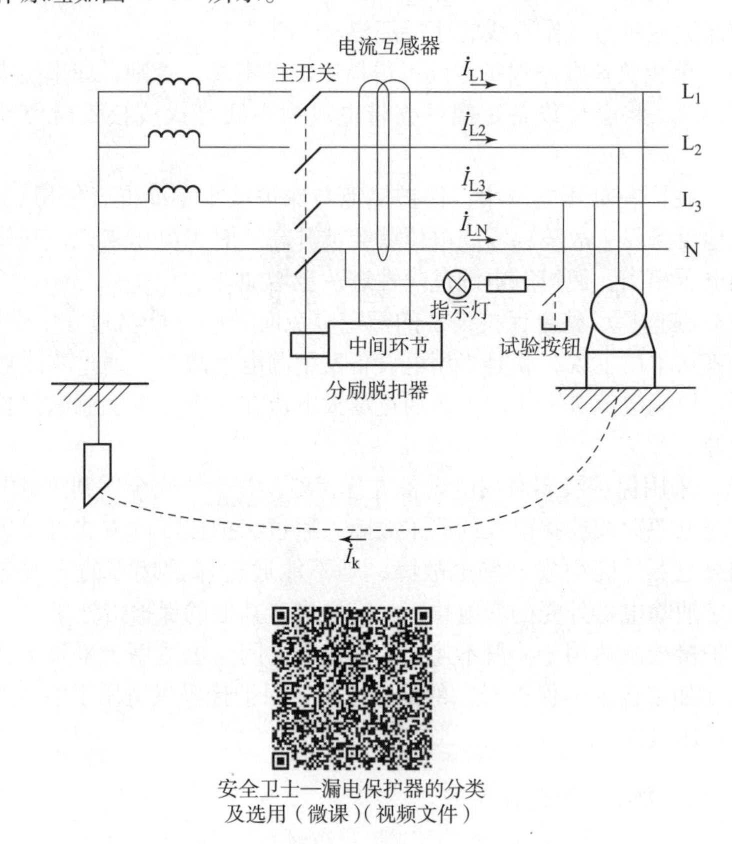

图 1.4.7　漏电保护器的工作原理

2. 剩余电流动作保护装置的分类

（1）根据动作方式分类，分为电磁式剩余电流保护器和电子式剩余电流保护器。零序电流互感器的二次回路输出电压不经任何放大，直接激励剩余电流脱扣器，称为电磁式剩余电流保护器，其动作功能与线路电压无关。零序电流互感器的二次回路和脱扣器之间接入一个电子放大电路，互感器二次回路的输出电压经过电子放大电路放大后再激励剩余电流脱扣器，称为电子式剩余电流保护器，其动作功能与线路电压有关。

（2）根据剩余电流保护器的功能分类，分为剩余电流断路器、剩余电流继电器。剩余电流断路器是检测剩余电流，将剩余电流值与基准值相比较，当剩余电流值超过基准值时，使主电路触头断开的机械开关电器。剩余电流断路器带有过载和短路保护，有的剩余电流断路器还可带有过电压保护。剩余电流继电器是检测剩余电流，将剩余电流值与基准值相比较，当剩余电流值超过基准值时，发出一个机械开闭信号使机械开关电器脱扣或声光报警装置发出报警的电器。剩余电流继电器常和交流接触器或低压断路器组成剩余电流保护器，作为农村低压电网的总保护开关或分支保护开关使用。移动式剩余电流保护器是由插头、剩余电流保护装置和插座或接线装置组成的电器，它包括剩余电流保护插头、移动式剩余电流保护插座、剩余电流保护插头插座转换器等，用来对移动电气设备提供漏电保护。固定安装的剩余电流保护插座由固定式插座和剩余电流保护装置组成的电器，也可对移动电气设备提供漏电保护。

（3）根据剩余电流保护器的使用场合分类，分为专业人员使用的剩余电流保护器、家用和类似用途的剩余电流保护器。专业人员使用的剩余电流保护器，这种剩余电流保护器一般额定电流比较大，作为配电装置中主干线或分支线的保护开关用，发生故障影响范围比较大，要求由专业人员来安装、使用和维护。剩余电流继电器和大电流剩余电流断路器属于这种形式的剩余电流保护器。家用和类似用途的剩余电流保护器，用于商用、办公楼及城乡居民住宅等建筑物中的剩余电流保护器，一般额定电流比较小，作为终端电气线路的漏电保护装置，主要是家用剩余电流断路器和移动式剩余电流保护器，适合于非专业人员使用。

（4）根据剩余电流保护器的动作时间分类，分为一般型剩余电流保护器和延时型剩余电流保护器。一般型剩余电流保护器，即无故障延时的剩余电流保护器，主要作为分支线路和终端线路的漏电保护装置。延时型剩余电流保护器是通过专门设计的对某一剩余动作电流值能达到一个预定的极限不动作时间的剩余电流保护器。延时型剩余电流保护器主要作为主干线或分支线的保护装置，可以与终端线路的保护装置配合，达到选择性保护的要求。

3. 装设漏电保护器的范围

（1）必须装设漏电保护器（漏电开关）的设备和场所。

①属于I类的移动式电气设备及手持式电动工具（I类电气产品，即产品的防电击保护不仅依靠设备的基本绝缘，而且还包含一个附加的安全预防措施，如产品外壳接地）。

②安装在潮湿、强腐蚀性等恶劣场所的电气设备。

③建筑施工工地的电气施工机械设备。

④暂设临时用电的电气设备。

⑤宾馆、饭店及招待所的客房内插座回路。

⑥机关、学校、企业、住宅等建筑物内的插座回路。

⑦游泳池、喷水池、浴池的水中照明设备。

⑧安装在水中的供电线路和设备。

⑨医院中直接接触人体的电气医用设备。

⑩其他需要安装漏电保护器的场所。

（2）报警式漏电保护器的应用。

对一旦发生漏电切断电源时，会造成事故或重大经济损失的电气装置或场所，应安装报警式漏电保护器。

①公共场所的通道照明、应急照明。

②消防用电梯及确保公共场所安全的设备。

③用于消防设备的电源，如火灾报警装置、消防水泵、消防通道照明等。

④用于防盗报警的电源。

⑤其他不允许停电的特殊设备和场所。

4. 漏电保护器额定漏电动作电流的选择

正确合理地选择漏电保护器的额定漏电动作电流非常重要：一方面在发生触电或泄漏电流超过允许值时，漏电保护器可有选择地动作；另一方面，漏电保护器在正常泄漏电流作用下不应动作，防止供电中断而造成不必要的经济损失。

漏电保护器的额定漏电动作电流应满足以下 3 个条件：

（1）为了保证人身安全，额定漏电动作电流应不大于人体安全电流值，国际上公认 30 mA 为人体安全电流值。

（2）为了保证电网可靠运行，额定漏电动作电流应躲过低电压电网正常漏电电流。

（3）为了保证多级保护的选择性，下一级额定漏电动作电流应小于上一级额定漏电动作电流，各级额定漏电动作电流应有级差 112 ~215 倍。

第一级漏电保护器安装在配电变压器低压侧出口处。该级保护的线路长，漏电电流较大，其额定漏电动作电流在无完善的多级保护时，最大不得超过 100 mA；具有完善多级保护时，漏电电流较小的电网，非阴雨季节为 75 mA，阴雨季节为 200 mA；漏电电流较大的电网，非阴雨季节为 100 mA，阴雨季节为 300 mA。

第二级漏电保护器安装于分支线路出口处，被保护线路较短，用电量不大，漏电电流较小。漏电保护器的额定漏电动作电流应介于上、下级保护器额定漏电动作电流之间，一般取 30 ~75 mA。

第三级漏电保护器用于保护单个或多个用电设备，是直接防止人身触电的保护设备。被保护线路和设备的用电量小，漏电电流小，一般不超过 10 mA，宜选用额定动作电流为 30 mA，动作时间小于 0. 1 s 的漏电保护器。

5. 漏电保护器的正确接线方式

TN 系统是指配电网的低压中性点直接接地，电气设备的外露可导电部分通过保护线与该接地点相接。TT 系统配电网低压侧的中性点直接接地，电气设备的外露可导电部分通过保护线直接接地。漏电保护器在 TN 及 TT 系统中的各种接线方式，安装时必须严格区分中性线 N 和保护线 PE。三极四线或四极式漏电保护器的中性线，不管其负荷侧中性线是否使用，都应将电源中性线接入保护器的输入端。经过漏电保护器的中性线不得作为保护线，不得重复接地或接设备外露可导电部分；保护线不得接入漏电保护器。

6. 漏电保护装置的安装和动作原因分析

（1）漏电保护装置安装原则。

有金属外壳的 I 类移动式电气设备和手持电动工具、安装在潮湿或强腐蚀等恶劣场所的电气设备、建筑施工工地的电气施工机械设备、临时性电气设备、宾馆等客房内的插座、触电危险性较大的民用建筑物内的插座、游泳池或浴池类场所的水中照明设备、安装在水中的供电线路和电气设备，以及医院直接接触人体的电气医用设备（胸腔手术室的除外）等均应安装漏电保护装置。漏电保护装置的防护类型和安装方式要与电气设备的环境条件和使用条件相适应。对于公共场所的通道照明电源和应急照明电源、消防用电梯及确保公共场所安全的电气设备、用于消防设备的电源（如火灾报警装置、消防水泵、消防通道照明等）、用于防盗报警的电源，以及其他不允许突然停电的场所或电气装置的电源，漏电时立即切断电源将会造成事故或重大经济损失。在以上这些情况下，应装设不切断电源的漏电报警装置。从防止电击的角度考虑，使用安全电压供电的电气设备、一般环境条件下使用的具有双重绝缘或加强绝缘结构的电气设备、使用隔离变压器供电的电气设备、在采用不接地的局部等电位连接措施的场所中使用的电气设备以及其他没有漏电危险和电击危险的电气设备可以不安装漏电保护装置。

装有漏电保护装置的电气线路和设备的泄漏电流必须控制在允许范围内，所选用漏电保护装置的额定不动作电流应不小于电气线路和设备的正常泄漏电流的最大值的 2 倍。当电气线路或设备的泄漏电流大于允许值时，必须更换绝缘良好的电气线路或设备，当电气设备装有高灵敏度的漏电保护装置时，电气设备单独接地装置的接地电阻可适当放宽，但应将预期的接触电压限制在允许范围内。安装漏电保护装置的电动机及其他电气设备在正常运行时的绝缘电阻值不应低于 0.5 MΩ。安装漏电保护装置前，应仔细检查其外壳、铭牌、接线端子、试验按钮、合格证等是否完好。装设在进户线上的带有剩余电流动作保护的断路器，其室内外配线的绝缘电阻，晴天不应小于 0.5 MΩ，雨天不应小于 0.08 MΩ。配电变压器低压侧中性点的工作接地电阻，一般不应大于 4 Ω，但当配电变压器容量不大于 100 kV · A 时，接地电阻可不大于 10 Ω。绝缘电阻以及接地电阻这两项规定是保证配电系统安全运行及保护器能否正确动作所不可忽视的问题。用于防止触电事故的漏电保护装置只能作为附加保护。加装漏电保护装置的同时不得取消或放弃原有的安全防护措施。安装带有短路保护的漏电开关，必须保证在电弧喷出方向留有足够的飞弧距离，漏电保护装置不宜装在机械振动大或交变磁场强的位置。安装漏电保护装置应考虑到水、尘等因素的危害，采取必要的防护措施。

（2）漏电保护装置的接线。

漏电保护装置的接线必须正确，接线错误可能导致漏电保护装置误动作，也可能导致漏电保护装置拒动作。接线前应分清漏电保护装置的输入端和输出端、相线和零线，不得反接或错接。输入端与输出端接错时，电子式漏电保护装置的电子线路可能由于没有电源而不能正常工作。组合式漏电保护装置控制回路的外部连接应使用铜导线，其截面积不应小于 1.5 mm^2，连接线不宜过长。漏电保护装置负载侧的线路必须保持独立，即负载侧的线路（包括相线和工作零线）不得与接地装置连接，不得与保护零线连接，也不得与其他电气回路连接。在保护接零线路中，应将工作零线分开，工作零线必须经过保护器，保护零线不得经过保护器，或者说保护装置负载侧的零线只能是工作零线，而不能是保护零线。应当指出，漏电保护器后方设备的保护线不得接在保护器后方的零线上，否则，设备漏电时的漏电流经保护器返回，保护器将拒动作。保护器与刀闸一起安装，按电源进线是先入保护器还是先入刀闸来分，一般是两种连接方式。当采取进线先入刀闸方式时，经过刀闸中的相线和中性线两个保险熔丝后，再接入保护器这种方式，忽视了保护器前面刀闸中中性线熔丝熔断后，使保护器“自身电路”失去工作电源而不能动作的情况。此时如果相线熔丝并没有被熔断，各种电器虽然都停止工作，但刀闸以下线路仍然带电，形成停电“假象”。当用户动用电器或检查停电“假象”时，保护器因失电拒动极易发生触电。在部分地区广泛使用熔丝做短路保护，经常发生只有中性线熔丝熔断的现象。家用保护器作为末端保护，因此失效不动作，不但存在严重的安全隐患，还会使总保护器或中间级保护器越级动作，引发大面积停电，造成较大经济损失。为使保护器发挥其应有的作用，特做如下建议。

①如果受安装场所、环境等条件的限制，或多用户共用一个刀闸，用户保护器的入线端只能取自刀闸的出线端时，必须将刀闸中的中性线熔丝拆除，用相同规格的导线替换中性线熔丝。

②应采取进线先入保护器后入刀闸的安装方式。此法能够防止因中性线熔丝熔断后，保护器失电的拒动问题，如经常发生停电“假象”，应按照中性线不准安装熔断器的技术要求，将中性线熔丝改用导线连接。

③有条件的用户不必使用刀闸，应选用具有漏电保护、过电流（短路）保护、过电压保护功能的“三合一”断路器。

（3）保护器动作值的确定。

首先，测量低压网络中的泄漏电流，测试步骤为：先将配电变压器中性点的接地线断开，在 N 线与 PE 线之间串入一个内阻较小的 mA 表，先送出一分路，其他分路停用，所测的不平衡泄漏电流为这一分路的泄漏电流，然后用这种方法测出其他分路泄漏电流以及低压网络总泄漏电流。需要注意的是，由于低压网络绝缘电阻值受气候影响变化幅度较大（指一年内的变化），现场实测值应给予修正后，才能作为动作电流值，即：

$$I_{\Delta n}=K\times I_0$$

式中 $I_{\Delta n}$——剩余电流动作总保护器的动作电流值，mA；

I_0——现场实测的不平衡泄漏电流，mA；

K——季节修正系数，非阴雨季节测量时，K 取 3.0，阴雨季节测量时，K 取 1.5。

这样确定的动作电流值，虽然能避免保护器的误动作，但也降低了保护功效，最好的办法是选用可调动作电流值的保护器，即在非阴雨季节时，将动作电流值调低；到了阴雨季节时，将动作电流值调高。这样，动作电流值的确定方法应为：非阴雨季节和阴雨季节实测的不平衡泄漏电流分别乘以系数1.5，即为非阴雨季节和阴雨季节保护器的实际动作值，这样整定的数值，触电危害后果会轻一些。为了避免总保护器发生频繁的误动作以及对网络上的直接接触电击有较大的保护功能，其动作电流在躲开正常泄漏电流的情况下，应尽量选小。低压电力网络的允许最大泄漏电流既应从我国低压网络的实情考虑，又要兼顾人身和设备安全。在有关规程中明确规定：凡安装剩余电流动作总保护的低压电力网，其泄漏电流不应大于保护器的额定剩余电流动作电流的50%。

（4）误动作和拒动作原因分析。

误动作是指线路或设备未发生预期的触电或漏电时漏电保护装置的动作；拒动作是指线路或设备已发生预期的触电或漏电时漏电保护装置的动作。误动作和拒动作是影响漏电保护装置正常运行及充分发挥作用的主要问题。误动作的原因是多方面的，有来自线路方面的原因，也有来自保护器本身的原因。

误动作的主要原因及分析如下：

①接线错误。例如，在TN系统中，如N线未与相线一起穿过保护器，一旦三相不平衡，保护器即发生误动作；保护器后方的零线与其他零线连接或接地，或保护器后方的相线与其他支路的同相相线连接，或负荷跨接在保护器电源侧和负载侧，接通负载时，都可能造成保护器误动作。三极漏电保护器用于三相四线电路中，由于中性线中的正常工作电流不经过零序电流互感器，因此，只要启动单相负载，保护器就会动作。此外，漏电保护器负载侧的中性线重复接地也会使正常的工作电流经接地点分流入地，造成保护器误动作。避免上述误动作的办法是：（a）三相四线电路要使用四极保护器或使用三相动力线路和单相分开，单独使用三极和两极的保护器；（b）增强中性线与地的绝缘；（c）排除零序电流互感器下口中性线重复接地点。

②绝缘恶化。保护器后方一相或两相对地绝缘破坏，或对地绝缘不对称降低，都将产生不平衡的泄漏电流，导致保护器误动作。

③冲击过电压。迅速分断低压感性负载时，可能产生20倍额定电压的冲击过电压，冲击过电压将产生较大的不平衡冲击泄漏电流，导致快速型漏电保护装置误动作。解决办法如下：（a）选用冲击电压不动作型保护器；（b）用正反向阻断电压较高的（正反向阻断电压均大于1 000 V以上）可控硅取代较低的可控硅。（c）选用延时型保护器。

④大型设备启动。大型设备的堵转电流很大，如保护器内零序电流互感器的平衡特性不好，则启动时互感器一次性的漏磁可能造成误动作。

⑤偏离使用条件。环境温度、相对湿度、机械振动等超过保护器设计条件时均可能造成其误动作。

⑥保护器质量低劣。由于零件质量或装配质量不高，降低了保护器的可靠性和稳定性，并导致误动作。

⑦附加磁场。如果保护屏蔽不好，附近装有流经大电流的导体、装有磁性元件或较大的导磁体，均可能在互感器铁芯中产生附加磁通量导致误

动作。

⑧剩余电流和电容电流引起的误动作。在一般情况下，三相对地电容差别不大，因此可以认为：三相对地形成的电流矢量和为零，保护器不会动作。如果开关电器各相合闸不同步，或因跳动等原因使各相对地电容不同等充电，就会导致保护器误动作。解决的办法是：（a）尽可能减小导线的对地电容，如将导线布置远离地面；（b）适当调大保护器的动作电流值；（c）保护器尽可能靠近负载安装；（d）在无法避免电容电流的地方，应使用合闸同步性能良好的开关电器。

⑨高次谐波引起的误动作。高次谐波中的3次、9次谐波属于零序对称制，在这种情况下，电流通过对地泄漏电阻和对地电容就容易使保护器误动作。解决的办法是：（a）尽量减少电源和负载可能带来的高次谐波；（b）尽量减少电路的对地泄漏和对地电容；（c）保护器尽可能靠近负载安装。

⑩负载侧有变频器引起的误动作。有些用户的电气设备上有变频器（例如彩色胶印机等），受其影响保护器极易发生误动作。解决的方法是：（a）从制造厂家来讲，主要是设法提高保护器的抗干扰能力，通常可采用双可控硅电路或以分立元件线路板取代集成电路板；（b）从用户角度出发，应选用抗电磁干扰性能好的产品。

⑪变压器并联运行引起的误动作。电源变压器并联运行时，由于各电源变压器PE线阻抗大小不一致，因而供给负载的电流并不相等，其差值电流将经电源变压器工作接地线构成回路，并被零序电流互感器所检测，造成零序电流互感器误动作。解决的办法是：将并联的两台电源变压器的中性点先连起来后再接地。

拒动作比误动作少见，但拒动作造成的危险性比误动作大，拒动作的主要原因及分析如下：

①接线错误。用电设备外壳上的保护线（PE线）接入保护器将导致设备漏电时拒动作，安装接线错误多半发生在用户自行安装的分装式漏电保护器上，最常见的有：（a）用户把三极漏电保护装置用于单相电路；（b）把四极漏电保护装置用于三相电路中时，将设备的接地保护线（PE线）也作为一相接入漏电保护装置中；（c）变压器中性点接地不实或断线。

②动作电流选择不当。保护器动作电流选择过大或整定过大将造成保护器的拒动作。

③自身的质量问题。产品质量低劣，互感器二次回路断路、脱扣元件粘连等质量缺陷可造成保护器拒动作。若保护器投入使用不久或运行一段时间后发生拒动作，其原因大概有：（a）电子线路板某点虚焊；（b）零序电流互感器副边线圈断线；（c）线路板上某个电子元件损坏；（d）脱扣线圈烧毁或断线；（e）脱扣机构卡死。

④线路绝缘阻抗降低或线路太长。由于部分电击电流不沿配电网工作接地或保护器前方的绝缘阻抗，而沿保护器后方的绝缘阻抗流经保护器返

回电源，将导致保护器拒动作。

（5）使用和维护。

目前，配电网系统设三级漏电保护装置，一级是总保护器，二级是分路保护器，三级是进户保护器。三级保护的可靠运行，使配电网系统得到安全保证，使设备免受损坏，避免人身伤亡事故发生。但有些供用电单位存在着对保护器运行管理不规范，使漏电保护器拒动、误动越级跳闸等严重现象，有些保护器甚至已退出运行。根据运行经验及相关法律法规、技术规范，漏电保护装置在运行管理上应遵循以下原则：

①加强技术培训，不定期地对配电室、分线箱及进户的保护器进行测试，严格按照技术标准的要求，对保护器进行规范管理，发现问题及时解决。

②对运行中的保护器必须定期试验，雷雨季节更应增加试验次数，并把测试结果记录在档案中。

③雷击或其他不明原因使保护器在运行中动作后，应做详细的检查。

④对新安装的保护器，投入运行前应先检查接线是否正确，并按照国家相关标准进行检查。

⑤运行中的漏电保护装置外壳各部及其上部件、连接端子应保持清洁，完好无损。连接应牢固，端子不应变色。漏电保护开关操作手柄灵活、可靠。

⑥运行中漏电保护装置外壳胶木件最高温度不得超过 65 ℃，外壳金属件最高温度不得超过 55 ℃。保护装置一次电路各部绝缘电阻不得低于 1.5 MΩ。

⑦总保护器每年至少测试一次，每季度至少检查试跳一次，低压网络的不平衡泄漏电流每年应测试一次，与安装时测试的数据进行比较，发现比原始数据增大，应分析原因，进行妥善处理，确保总保护的安全、正常运行。

7. 漏电保护装置的选用

选用漏电保护装置应当考虑多方面的因素。其中，首先是正确选择漏电保护装置的漏电动作电流。在浴室、游泳池、隧道等触电危险性很大的场所，应选用高灵敏度、快速型漏电保护装置（动作电流不宜超过 10 mA）。如果安装场所发生人触电事故时，能得到其他人的帮助及时脱离电源，则漏电保护装置的动作电流可以大于摆脱电流，如系快速型保护装置，动作电流可按心室颤动电流选取。如果是前级保护，即分保护前面的总保护，动作电流可超过心室颤动电流。如果作业场所得不到其他人的帮助及时脱离电源，则漏电保护装置动作电流不应超过摆脱电流。在触电后可能导致严重二次事故的场合，应选用动作电流为 6 mA 的快速型漏电保护装置。为了保护儿童或病人，也应采用动作电流为 10 mA 以下的快速型漏电保护装置。对于Ⅰ类手持电动工具，应视其工作场所危险性的大小，安装动作电流为 10～30 mA 的快速型漏电保护装置。选择动作电流还应考虑误动作的可能性。保护器应能避开线路不平衡的泄漏电流而不动作；还应能在安装位置可能出现的电磁干扰下不误动作。选择动作电流还应考虑保护器制造的实际条件。例如，由于纯电磁式产品的动作电流很难做到 40 mA 以下而不应追求过高灵敏度的电磁式漏电保护装置。在多级保护的情况下，选择动作电流还应考虑多级保护选择性的需要，总保护宜装灵敏度较低的或有少许延时的漏电保护装置。用于防止漏电火灾的漏电报警装置宜采用中灵敏度漏电保护装置，其动作电流可在 25～1 000 mA 内选择。连接室外架空线路的电气设备应装用冲击电压不动作型漏电保护装置。对于电动机，保护器应能躲过电动机的起动漏电电流（100 kW 的电动机可达 15 mA）而不动作。保护器应有较好的平衡特性，以避免在数倍于额定电流的堵转电流的冲击下误动作。对于不允许停转的电动机应采用漏电报警方式，而不应采用漏电切断方式。对于照明线路，宜根据泄漏电流的大小和分布，采用分级保护的方式。支线上选用高灵敏度的保护器，干线上选用中灵敏度保护器。在建筑工地、金属构架上等触电危险性大的场合，Ⅰ类携带式设备或移动式设备应配用高灵敏度漏电保护装置。电热设备的绝缘电阻随着温度变化在很大的范围内波动，例如聚乙烯绝缘材料 60 ℃时的绝缘电阻仅为 20 ℃时的数十分之一，因此，应按热态漏电状况选择保护器的动作电流。对于电焊机，应考虑保护器的正常工作不受电焊的短时冲击电流、电流急剧的变化、电源电压的波动的影响。对高频焊机，保护器还应有良好的抗电磁干扰性能。对于有非线性零件而产生高次谐波以及对有整流零件的设备，应采用零序电流互感器二次侧接有滤波电容的保护器，而且互感器铁芯应选用剩磁低的软磁材料制成。漏电保护装置的极数应按线路特征选择。单相线路选用二极保护器，仅带三相负载的三相线路或三相设备可选用三极保护器，动力与照明合用的三相四线线路和三相照明线路必须选用四极保护器。漏电开关的额定电压、额定电流、分断能力等性能指标应与线路条件相适应；漏电保护装置的类型要与供电线路、供电方式、系统接地类型和用电设备特征相适应。

（四）安全电压

安全电压是属于兼有直接接触电击和间接接触电击防护的安全措施。其保护原理是：通过对系统中可能会作用于人体的电压进行限制，从而使触电时流过人体的电流受到抑制，将触电危险性控制在没有危险的范围内。由特低电压供电的设备属于Ⅲ类设备。

1. 特低电压的限值和额定值

（1）安全电压额定值。

我国国家标准规定了对应于特低电压的系列，其额定值（工频有效值）的等级为：42 V、36 V、24 V、12 V 和 6 V。

（2）安全电压额定值的选用。

安全电压额定值的选用根据使用环境、人员和使用方式等因素确定。例如特别危险环境中使用的手持电动工具应采用 42 V 特低电压；有电击危险环境中使用的手持照明灯应采用 36 V 或 24 V 特低电压；金属容器内、特别潮湿处等特别危险环境中使用的手持照明灯应采用 12 V 特低电压；水下作业等场所应采用 6 V 特低电压。

2. 特低电压安全条件

（1）安全电源要求。

安全特低电压必须由安全电源供电。可以作为安全电源的主要有：

①安全隔离变压器或与其等效的具有多个隔离绕组的电动发电机组，其绕组的绝缘至少相当于双重绝缘或加强绝缘。

②电化电源或与高于特低电压回路无关的电源，如蓄电池及独立供电的柴油发电机等。

③即使在故障时仍能确保输出端子上的电压（用内阻不小于 3 kΩ 的电压表测量）不超过特低电压值的电子装置电源等。

（2）回路配置要求。

①回路的带电部分相互之间、回路与其他回路之间应实行电气隔离，其隔离水平不应低于安全隔离变压器输入与输出回路之间的电气隔离。

②回路的导线应与其他回路的导线分开敷设，保持适当的物理上的隔离。

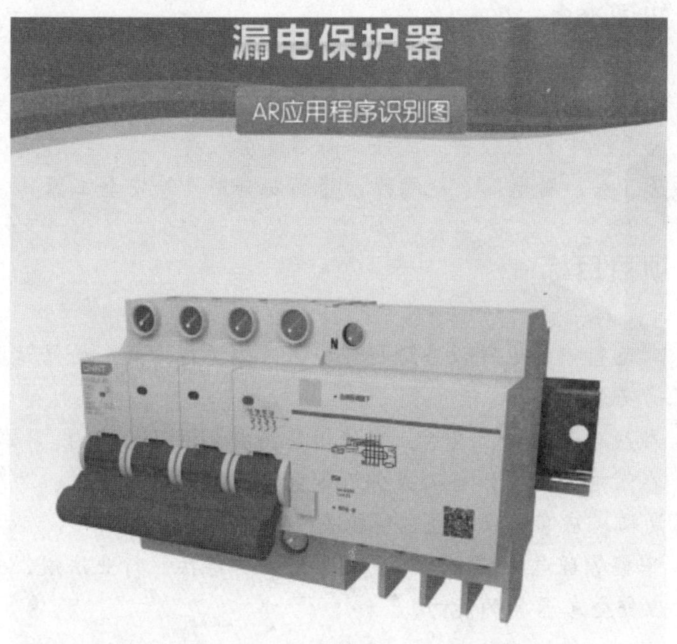

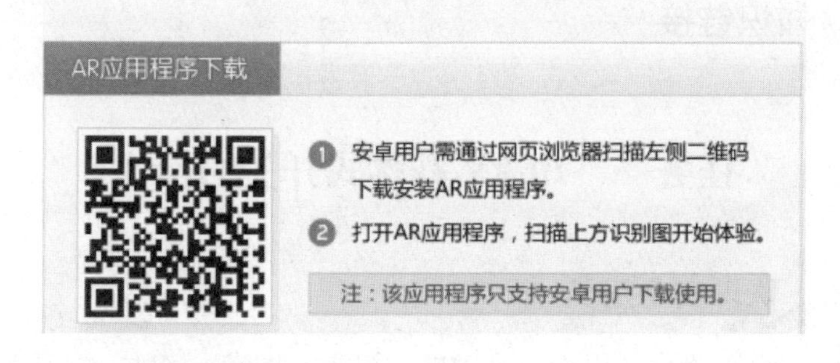

项目二

电力安全工器具的使用与管理

项目引入

在对某变电站的变压器进行检修作业时，由于一名检修人员未系安全带，不小心头朝下摔了下来，幸好此人戴着安全帽，只造成了左臂骨折，安全帽保住了他的性命，但如果他能够系上安全带，就能避免伤痛之苦。

知识准备

工作人员在进行电力生产作业时，正确使用安全器具是一项重要的工作。在电力系统中为了顺利完成任务而不发生人身事故，操作者必须携带和使用跌落开关、验电器、绝缘棒、登高安全用具等安全工器具。

项目目标

(1) 对运行中的电气设备进行巡视、改编运行方式、检修试验时，需要采用正确安全用具。

(2) 在线路施工中，具有正确使用登高安全用具的能力。

(3) 在带电的电气设备上或邻近带电设备的地方工作时，为防止触电或被电弧灼伤，应掌握正确使用绝缘安全用具的方法。

(4) 掌握管理电力安全工器具的方法，具备按照行业法规、标准和规程高效管理安全工器具的能力。

知识链接

任务一　10 kV 跌落式开关的操作

一、 认识安全用具

电力安全工器具是用于防止触电、灼伤、坠落、摔跌、中毒、窒息、火灾、雷击、淹溺等事故或职业危害，保障工作人员人身安全的个体防护装备、绝缘安全工器具、登高工器具、安全围栏（网）和标识牌等专用工具和器具。在电力系统中，为了顺利完成任务而不发生人身事故，操作者必须携带和使用各种安全工器具。

安全工器具分为个体防护装备、基本绝缘安全工器具、辅助绝缘安全工器具、带电作业绝缘安全工器具、登高工器具、安全围栏（网）标识牌等六大类。

（一） 个体防护装备

个体防护装备是指保护人体避免受到急性伤害而使用的安全工具，是指防护工作人员发生事故的工器具。如安全帽、安全带、安全绳、脚扣、防静电服（静电感应防护服）、防电弧服、电性能防护鞋（导电鞋和防静电鞋）、速差自控器、防护眼镜、过滤式防毒面具等。

1. 安全帽

安全帽虽然是一般安全工器具，却是使用频度最高的个人防护工器具之一，安全帽可以防止头部被坠物冲击、侧向撞击、穿刺、挤压及其他因素对头部的损伤。安全帽如图 2. 1. 1 所示。

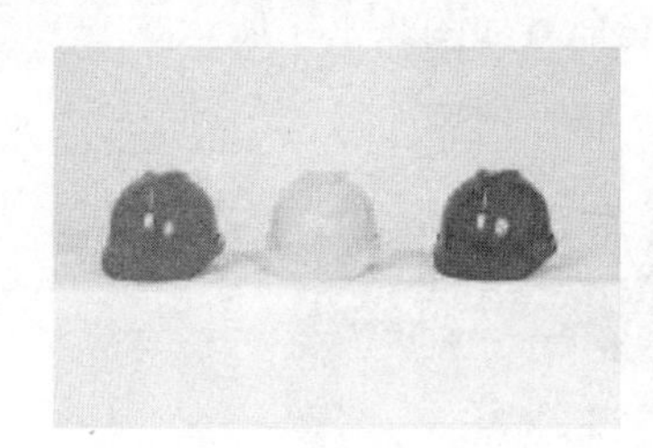

安全帽的重要性
（视频文件）

图 2. 1. 1　安全帽

2. 安全带

安全带是防止高处作业人员发生坠落或发生坠落后将作业人员安全悬挂的个体防护装备。按照使用条件的不同，安全带可以分为以下 3 类。

1）围杆作业安全带

通过围绕在固定构造物上的绳或带将人体绑定在固定的构造物附近，使作业人员的双手可以进行其他操作的安全带，如图 2. 1. 2 所示。

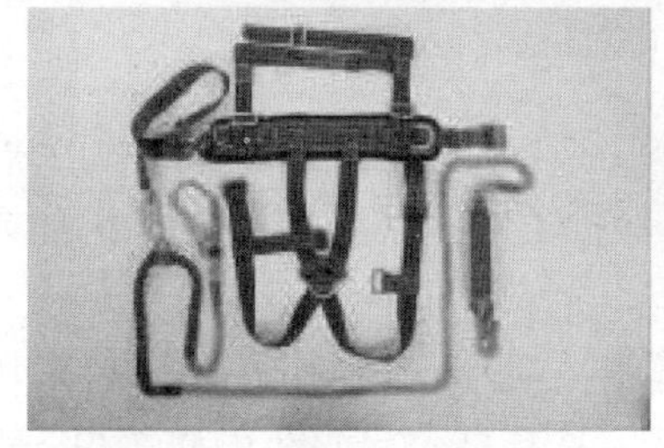

安全带的重要性
（视频文件）

图 2. 1. 2　围杆作业安全带

2）区域限制安全带

它是指用以限制作业人员的活动范围，避免其到达可能发生坠落区域的安全带，如图 2. 1. 3 所示。

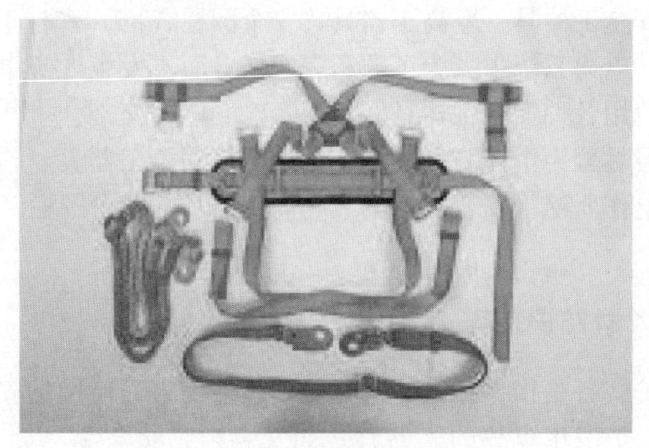

图 2. 1. 3　区域限制安全带

3）坠落悬挂安全带

它是指高处作业或登高人员发生坠落时，将作业人员悬挂的安全带。它是全身式安全带的一种，主要用于配合刚性、柔性导轨登杆作业用。防坠悬挂安全带主要依靠带体胸部中间的 D 形环连接自锁器，一旦发生坠落时，自锁器在坠落冲击的速差作用下，瞬间自动锁止在下坠点，冲抵下坠冲击力，以有效保护作业人员安全，如图 2. 1. 4 所示。

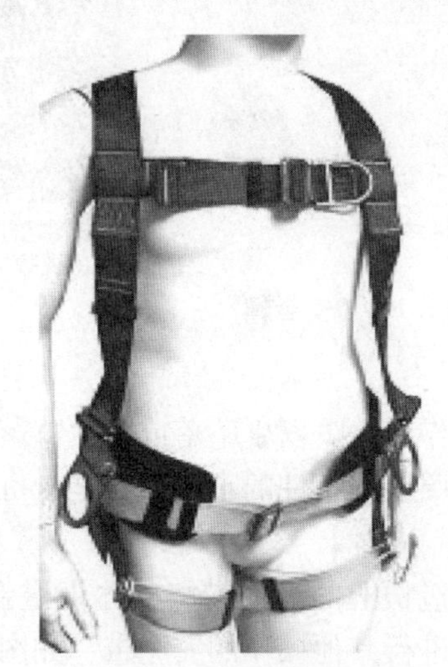

图 2. 1. 4　坠落悬挂安全带

3. 安全绳

安全绳是安全带中连接系带与挂点之间用于二次保护的绳，如图 2. 1. 5 所示。安全绳作为二次保护工器具在防高坠中起着重要的作用。

4. 防静电服

防静电服是由专用的防静电洁净面料制作。此面料采用专用涤纶长丝，经向或纬向嵌织导电纤维。具有高效、永久的防静电、防尘性能，具有薄滑、织纹清晰的特点。在可能存在静电的环境下作业时，通过穿用防静电服来降低人体电位，避免服装上带高电位而引发事故。在高压带电工

图 2.1.5　安全绳

作场所应穿亚导体材料制作的防静电服；禁止在易燃易爆场所穿脱；禁止在防静电服上附加或佩戴任何金属物件；穿用防静电服时，必须与GB 4385—1995中规定的防静电鞋配套穿用。防静电服如图 2.1.6 所示。

5. 防电弧服

防电弧服具有阻燃、隔热、抗静电、防电弧爆的功能，不会因为水洗导致失效或变质。防电弧服一旦接触到电弧火焰或炙热时，内部的高强低延伸防弹纤维会自动迅速膨胀，从而使面料变厚且密度变高，形成对人体保护性的屏障。防电弧服是以内在本质阻燃纤维为基材，可在一定程度上抵御电弧高辐射热能的织物为面料，用于防止由于电弧可能引起的电弧灼伤事故的专用防护服。同时配套的有手套、鞋罩、特殊面屏等装具。防电弧服及配套装具面世仅 20 余年，一般而言，如可能面临电弧能量≥25.74 J/cm^2 时须穿用。使用前必须依据 DL/T 320—2010 认真检查全套装具。穿用防电弧服时必须依据 DL/T 320—2010 认真分析作业现场的危害等级，并配置相应的电弧防护器具。防电弧服如图 2.1.7 所示。

图 2.1.6　防静电服

图 2.1.7　防电弧服

6. 电性能防护鞋

电性能防护鞋可分为防静电鞋和导电鞋。

导电鞋和防静电鞋是用于防止因人体带有静电而有可能引起燃烧、爆炸等事故的一种专用防护鞋。防静电鞋可将静电导入大地，消除人体静电积聚。防静电鞋和防静电服构成完整的防静电体系，当作业人员在可能有静电环境下作业时，对作业人员构成有效防护。导电鞋是利用自身良好的导电性能将人体积聚的静电迅速消除，达到保护作业人员安全的目的。导电鞋不仅可以在尽可能短的时间内消除人体静电，而且可使人体所带有的静电电压降到最低，但其仅能用于作业人员不会遭受电击的场所。这是导电鞋和防静电鞋重要的区别。电性能防护鞋如图 2. 1. 8 所示。

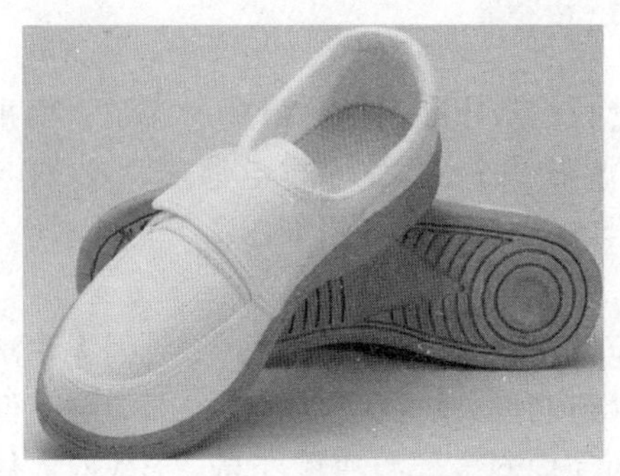

图 2. 1. 8　电性能防护鞋

7. 防护眼镜

防护眼镜是在特定作业场所对作业人员眼部以略微的束缚换取工作安全与保护的器具，防护眼镜须符合外观要求；镜体应适合佩戴者。眼部防护涉及酸碱、化学腐蚀品、红外线、紫外线、激光、电弧、高温高气压、电气焊切割、机械加工等多种场所。由于眼部防护涉及场所多、专业多，产品种类多、型号规格多、基材多，因此必须依据不同作业环境选配适当的眼部防护器具。如装、拆高压可熔保险器时需配用防辐射护目镜；在蓄电池室添加电解液时应佩戴防有害液或防毒气密闭式无色护目镜。防护眼镜如图 2. 1. 9 所示。

图 2. 1. 9　防护眼镜

8. 过滤式防毒面具

过滤式防毒面具，是防毒面具最为常见的一种，过滤式防毒面具主要由面罩主体和滤毒件两部分组成。面罩起到密封并隔绝外部空气和保护口鼻面部的作用。滤毒件内部填充以活性炭为主要成分的物质，由于活性炭里有许多形状不同的和大小不一的孔隙，可以吸附粉尘，并在活性炭的孔隙表面，浸渍了铜、银、铬金属氧化物等化学药剂，以达到吸附毒气后与其反应，使毒气丧失毒性的作用。新型活性炭药剂采用分子级渗涂技术，能使浸渍药品分子级厚度均匀附着到载体活性炭的有效微孔内，使浸渍到活性炭有效微孔内的防毒药剂具有最佳的质量性能比。过滤式防毒面具如图 2. 1. 10 所示。

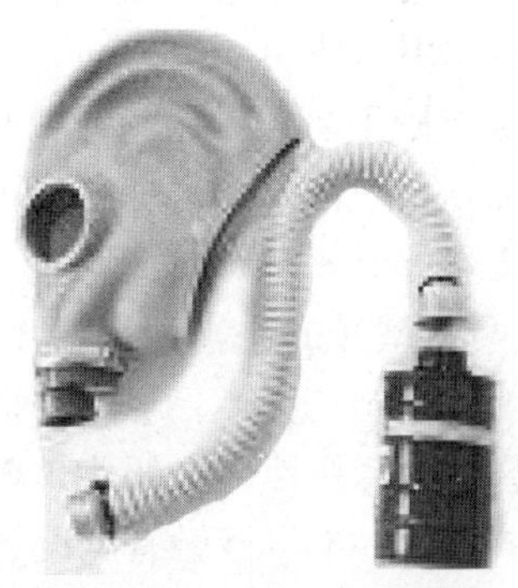

图 2. 1. 10　过滤式防毒面具

（二） 基本绝缘安全工器具

基本绝缘安全工器具是指能直接操作带电装置、接触或可能接触带电体的工器具。其中大部分为带电作业专用绝缘安全工器具。如电容型验电器、绝缘杆、绝缘隔板、绝缘罩、核相器、携带型短路接地线、个人保安接地线等。

（三） 辅助绝缘安全工器具

辅助绝缘安全工器具是指绝缘强度不是承受设备或线路的工作电压，只是用于加强基本绝缘安全工器具的保安作用，用以防止接触电压、跨步电压、泄漏电流电弧对操作人员的伤害。不能用辅助绝缘安全工器具直接接触高压用电设备带电部分。属于这一类的安全工器具有：绝缘手套、绝缘靴（鞋）、绝缘胶垫、绝缘台、绝缘硬梯等。

1. 绝缘手套

绝缘手套可以使人的两手与带电体绝缘，防止人手触及同一电位带电体或同时触及同一电位带电体或同时触及不同电位带电体而触电，在现有的绝缘安全用具中，绝缘手套使用范围最广，用量最多。绝缘手套是用绝缘性能良好的特种橡胶制成，要求薄、柔软，有足够的绝缘强度和机械强度。按所用的原料分类可分为橡胶绝缘手套和乳胶绝缘手套两大类。绝缘手套如图 2. 1. 11 所示。

绝缘手套的规格有 12 kV 和 5 kV 两种。12 kV 的绝缘手套试验电压达 12 kV，在 1 kV 以上的高压区作业时，只能用作辅助安全防护用具，不得接触带电设备；在 1 kV 以下带电作业区作业时，可用作基本安全用具，即戴手套后，两手可以接触 1 kV 以下的有电设备（人身其他部分除外）。

5 kV 绝缘手套，适用于电力工业、工矿企业和农村中一般低压电气设备。在电压 1 kV 以下的电压区作业时，用作辅助安全用具；在 250 V 以下电压作业区时，可作为基本安全用具；在 1 kV 以上的电压区作业时，严禁使用此种绝缘手套。

（1）耐 5 kV 的橡胶绝缘手套：是用绝缘橡胶片模压硫化成型的五指手套。规格：长度为 380 mm ± 10 mm，厚度为 1 mm ± 0.4 mm。适用于电力工业、工矿企业及农村中使用一般低压电气设备时戴用。在 1 000 V 以下电压时，作辅助安全防护用品使用。

（2）耐 12 kV 的绝缘橡胶手套：是用绝缘橡胶片模压硫化成型的五指手套，为米黄色、褐色，质地柔软，耐曲折。规格有 380 型，即全长 380 mm ± 10 mm，中指长 85 mm ± 5 mm；350 型，全长 350 mm ± 10 mm，中指长 82 mm ± 5 mm。两种型号的手掌面、厚度均为 1.8 mm ± 0.3 mm，筒掌长厚度为 1.4 mm ± 0.3 mm。适合于电力工业以及工矿企业中操作高低压电力设备时戴用。这种手套在使用电压为 1 000 V 以上的高压区作业时，只能作辅助安全防护用品，不得接触有电设备。

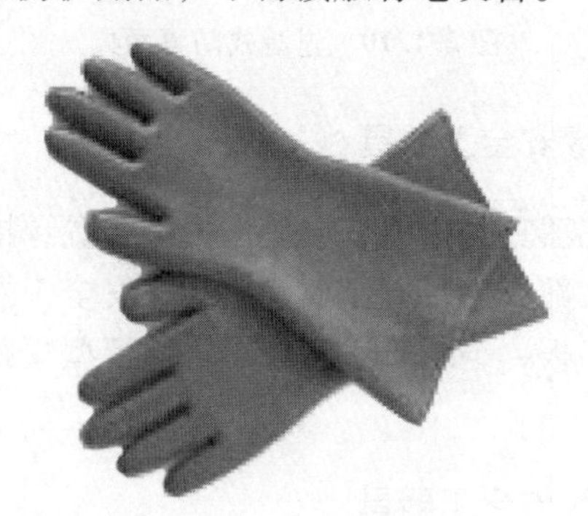

图 2.1.11　绝缘手套

使用绝缘手套时的注意事项：

➢ 使用经检验合格的绝缘手套（每半年检验一次）。

➢ 佩戴前还要对绝缘手套进行气密性检查，具体方法：将手套从口部向上卷，稍用力将空气压至手掌及指头部分检查上述部位有无漏气，如有则不能使用。

➢ 使用时注意防止尖锐物体刺破手套。

➢ 使用后注意存放在干燥处，并不得接触油类及腐蚀性药品等。

➢ 绝缘手套使用前应进行外观检查。如发现有发黏、裂纹、破口（漏气）、气泡、发脆等损坏时禁止使用。

➢ 进行设备验电，倒闸操作，装拆接地线等工作时应戴绝缘手套。

➢ 使用绝缘手套时应将上衣袖口套入手套筒口内。

2. 绝缘靴（鞋）

绝缘靴（鞋）是由特种橡胶制成的，用于人体与地面绝缘的靴（鞋）子。绝缘靴（鞋）在配电作业中起到电气绝缘作用，进入高压场地巡视、操作、事故处理、检修等须穿用绝缘靴（鞋）。绝缘靴（鞋）如图 2.1.12 所示。

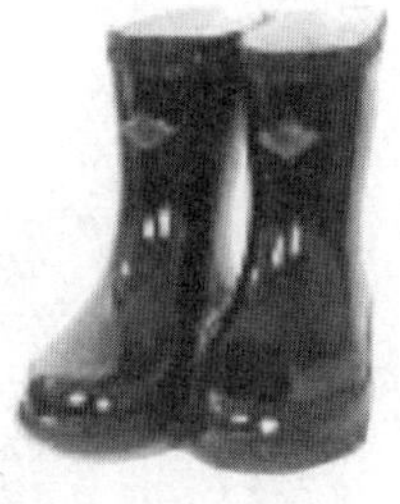

图 2.1.12　绝缘靴（鞋）

使用绝缘靴（鞋）时的注意事项：

➢ 依据 GB 12011—2009 对绝缘靴（鞋）做外观检查。特别对帮、底等的检查。任何一只靴（鞋）的靴（鞋）跟磨损都不得超过靴（鞋）跟的 1/2。

➢ 当一双靴（鞋）中有一只可能不安全时，该双靴（鞋）不得穿用。

➢ 穿用绝缘靴（鞋）严禁跨级使用，以防止发生触电事故。

➢ 严格按照作业环境配备和穿用靴（鞋），严禁随意乱用。

➢ 绝缘靴（鞋）必须统一编号，现场使用不得少于两双。

3. 绝缘胶垫

绝缘胶垫是由特种橡胶制成，用于加强工作人员对地绝缘的橡胶板。绝缘胶垫主要是用于增加作业人员对地绝缘等级。绝缘胶垫在 1 kV 以下使用时可作基本绝缘器具，1 kV 以上时仅为辅助安全。绝缘胶垫如图 2.1.13 所示。

图 2.1.13　绝缘胶垫

使用绝缘胶垫时的注意事项：

➢ 使用前，必须依据 DL/T 853—2015 对绝缘胶垫（毯）外观进行检查。

➢ 选用相应环境条件的绝缘胶垫。

➢ 应该特别注意对检修作业等经常移动使用的绝缘胶垫的检查工作。

➢ 绝缘胶垫主要是用于检修作业时的临时搭接场所，除对与绝缘胶垫相同的注意点外，应特别注意其材质的变化。

4. 绝缘台、绝缘硬梯

绝缘台、绝缘硬梯在检修作业中普遍使用，是临时性绝缘措施。绝缘台是基于绝缘硬梯的基础上发展而来的，本身没有专门的标准，绝缘台、绝缘硬梯都应依照 GB/T 17620—2008 检查外观。绝缘台如图 2.1.14 所示。

图 2.1.14　绝缘台、绝缘硬梯

使用绝缘台、绝缘硬梯时的注意事项：

➢ 使用前必须在放置平稳可靠的条件下进行试登，确认可靠后方可使用。

➢ 使用绝缘台、绝缘硬梯时必须有专人监护，梯具、平台须支撑牢靠，必要时加装胶垫或铁尖；根据需要还可捆绑固定。

➢ 绝缘台进出现场必须 2 人以上搬运，务必与带电设备或带电部分保持安全距离。

➢ 绝缘硬梯进出现场必须 2 人以上横位搬运，与带电体保持安全距离，严禁竖立进出，以确保安全。

（四）带电作业绝缘安全工器具

带电作业有特殊要求，带电作业绝缘工器具在工作状态下，承受着电气和机械双重荷载的作用。绝缘工器具质量的好坏直接关系到作业人员和设备的安全。因此，带电作业绝缘工器具应安全可靠、结构合理、有足够的强度、工艺先进、轻便灵活，如高压验电器、高压绝缘棒等。

（五）登高工器具

用于登高作业、临时性高处作业的工具。如登高用梯子、脚扣（铁鞋）、站脚板等。

（六）安全围栏（网）标识牌

安全围栏（网）是指用各种材料制作的安全围栏、安全围网和红布幔。标识牌是指各种警告牌、设备标示牌、锥形交通标、警示带等。

安全标识牌按其作用分为以下 6 个部分：

(1) 禁止标志：其含义是禁止或制止人们预做不安全行为的图形标志，由红色组成。如“禁止合闸　有人工作”“未经许可　不得入内”“禁止跨越”“高压危险!”等，如图 2.1.15 所示。

图 2.1.15　禁止标志

（2）警告标志：其含义是提醒人们对周围环境引起注意，以避免可能发生危险的图形标志，由黄、黑两种颜色组成。如“止步高压危险”“当心触电”“当心落水”等，如图 2.1.16 所示。

图 2.1.16　警告标志

（3）指令标志：其含义是强制人们必须做出某种动作或采取防范措施的图形标志，由蓝色组成。如“必须戴安全帽”“必须系安全带”“必须戴防尘口罩”等，如图 2.1.17 所示。

图 2.1.17　指令标志

（4）提示标志：适用于现场内特定处所、存在作业危险性场所对人们的行为进行必要的安全提示和指示。提示标志的基本形式为矩形绿色衬底、白色线框，右边为白色象形标识，左边为白色箭头和文字，文字为黑体字，如图 2.1.18 所示。

（5）消防标志：其含义是向人们提供消防设施信息的图形标志，由红色组成。如“灭火器”“地上消火栓”“地下消火栓”等标志。

图 2.1.18　提示标志

（6）其他标志：如“导向箭头”标志、“紧急出口”标志、“限高”标志、“限速”标志等。

二、跌落式开关简介

跌落式开关，是一种短路保护开关，由熔断器和隔离开关组成。正常时熔断器起到保护作用，在短路或过载时，熔断器熔断，隔离开关自动断开。它具有经济、操作方便、适应户外环境性强等特点，它被广泛应用于 10 kV/12 kV 配电线路和配电变压器一侧，作为保护和进行设备投、切操作之用。跌落式开关如图 2.1.19 所示。

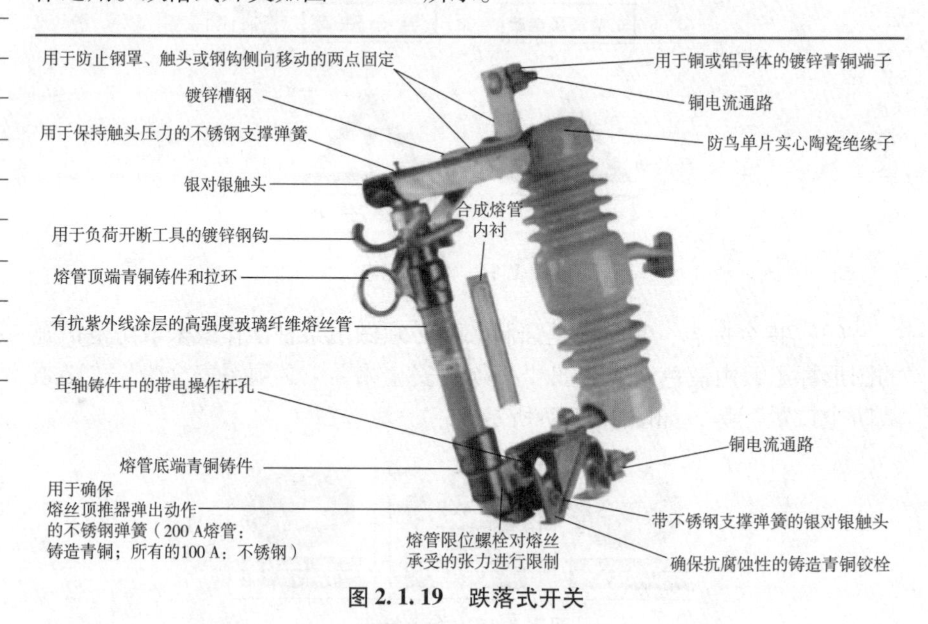

图 2.1.19　跌落式开关

（一）跌落式开关的工作原理

熔丝管两端的动触头依靠熔丝（熔体）系紧，将上动触头推入“鸭嘴”凸出部分后，磷铜片等制成的上静触头顶着上动触头，故而熔丝管牢固地卡在“鸭嘴”里。当短路电流通过熔丝熔断时，产生电弧，熔丝管内衬的钢纸管在电弧作用下产生大量的气体，因熔丝管上端被封死，气体向下端喷出，吹灭电弧。由于熔丝熔断，熔丝管的上下动触头失去熔丝的系紧力，在熔丝管自身重力和上、下静触头弹簧片的作用下，熔丝管迅速跌落，使电路断开，切除故障段线路或者故障设备。

（二）跌落式开关的操作方法

（1）操作时由两人进行（一人监护，一人操作），但必须佩戴经试验合格的绝缘手套，穿绝缘靴、戴防护眼镜，使用电压等级相匹配的合格绝缘棒操作，在雷电或者大雨的气候下禁止操作。

（2）在拉闸操作时，一般规定为先拉断中间相，再拉背风的边相，最后拉断迎风的边相。这是因为配电变压器由三相运行改为两相运行，拉断中间相时所产生的电弧火花最小，不致造成相间短路。其次是拉断背风边相，因为中间相已被拉开，背风边相与迎风边相的距离增加了一倍，即使有过电压产生，造成相间短路的可能性也很小。最后拉断迎风边相时，仅有对地的电容电流，产生的电火花则已很轻微。

（3）合闸时的操作顺序与拉闸时相反，先合迎风边相，再合背风的边相，最后合上中间相。操作熔丝管是一项频繁的项目，注意不到便会造成触头烧伤引起接触不良，使触头过热，弹簧退火，促使触头接触更为不良，形成恶性循环。所以，拉、合熔丝管时要用力适度，合好后，要仔细检查“鸭嘴”舌头能紧紧扣住舌头长度三分之二以上，可用拉闸杆钩住上“鸭嘴”向下压几下，再轻轻试拉，检查是否合好。合闸时若未能到位或未合牢靠，熔断器上静触头压力不足，极易造成触头烧伤或者熔丝管自行跌落。

（三）操作注意事项

（1）操作人员在拉开跌落式熔断器时，必须使用电压等级适合、经过试验合格的绝缘杆，穿绝缘鞋，戴绝缘手套、绝缘帽和防护眼镜或站在干燥的木台上，并有人监护，以保人身安全。

（2）操作人员在拉、合跌落式熔断器开始或终了时，不得有冲击。冲击将会损伤熔断器，如将绝缘子被拉断、撞裂，“鸭嘴”被撞偏，操作环被拉掉、撞断等。工作人员在对跌落式熔断器分、合操作时，千万不要用力过猛，发生冲击，以免损坏熔断器，且分、合必须到位。

（3）合熔断器的过程用力是慢（开始)—快（当动触头临近静触头时)—慢（当动触头临近合闸终了时)；拉熔断器的过程用力是慢（开始)—快（当动触头临近静触头时)—慢（当动触头临近拉闸终了时)。快是为了防止电弧造成电器短路和灼伤触头，慢是为了防止操作冲击力，造成熔断器机械损伤。

（4）配电变压器停送电操作顺序：在一般情况下，停电时应先拉开负荷侧的低压开关，再拉开电源侧的高压跌落式熔断器。在多电源的情况下，按上述顺序停电，可以防止变压器反送电，遇有故障时，保护可能拒动，延长故障切除时间，使事故扩大。从电源侧逐级进行送电操作，可以减少冲击启动电流（负荷），减少电压波动，保证设备安全运行。如遇有

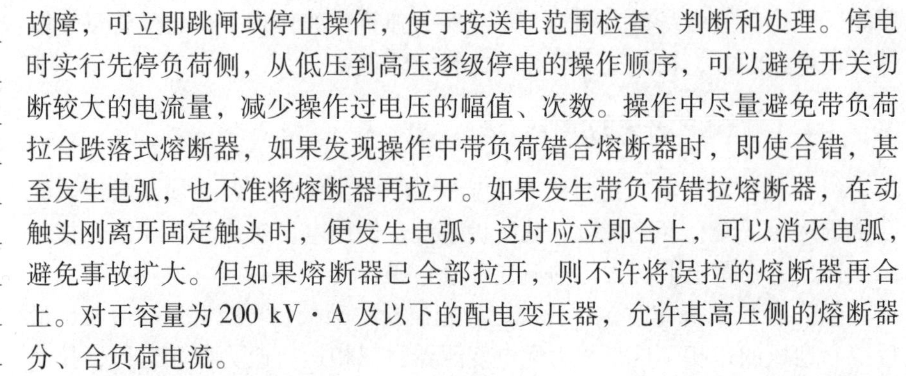

故障，可立即跳闸或停止操作，便于按送电范围检查、判断和处理。停电时实行先停负荷侧，从低压到高压逐级停电的操作顺序，可以避免开关切断较大的电流量，减少操作过电压的幅值、次数。操作中尽量避免带负荷拉合跌落式熔断器，如果发现操作中带负荷错合熔断器时，即使合错，甚至发生电弧，也不准将熔断器再拉开。如果发生带负荷错拉熔断器，在动触头刚离开固定触头时，便发生电弧，这时应立即合上，可以消灭电弧，避免事故扩大。但如果熔断器已全部拉开，则不许将误拉的熔断器再合上。对于容量为 200 kV · A 及以下的配电变压器，允许其高压侧的熔断器分、合负荷电流。

（5）高压跌落式熔断器三相的操作顺序：停电操作时，应先拉中间相，后拉两边相。送电时则先合两边相，后合中间相。停电时先拉中间相的原因主要是考虑到中间相切断时的电流要小于边相（电路一部分负荷转由两相承担），因而电弧小，对两边相无危险。操作第二相（边相）跌落式熔断器时，电流较大，而此时中间相已拉开，另两个跌落式熔断器相距较远，可防止电弧拉长造成相间短路。遇到大风时，要按先拉中间相，再拉背风相，最后拉迎风相的顺序进行停电。送电时则先合迎风相，再合背风相，最后合中间相，这样可以防止风吹电弧造成短路。

（四） 跌落式熔断器（开关）的选择

10 kV 跌落式熔断器适用于环境空气无导电粉尘、无腐蚀性气体及易燃、易爆等危险性环境，年度温差变比在 ±40 ℃以内的户外场所。其选择按照额定电压和额定电流两项参数进行，也就是熔断器的额定电压必须与被保护设备（线路）的额定电压相匹配。熔断器具的额定电流应大于或等于熔体的额定电流。而熔体的额定电流可选为额定负荷电流的 1.5 ~2 倍。此外，应按被保护系统三相短路容量，对所选定的熔断器进行校核。保证被保护系统三相短路容量小于熔断器额定断开容量的上限，但必须大于额定断开容量的下限。若熔断器的额定断开容量（一般是指其上限）过大，很可能使被保护系统三相短路容量小于熔断器额定断开容量的下限，造成在熔体熔断时难以灭弧，最终引起熔管烧毁、爆炸等事故。目前，一些供电单位仍处于农网改造高峰，在选用该类熔断器时，必须严把产品质量关，保护合格的设备入网，同时要注意到它的额定断开容量上限值和下限值。

三、 高压验电器的使用

高压验电器是一种验证高压用电设备，主要用来检验设备对地电压在 1 000 V 以上的高压电气设备是否带有运行电压。当设备断电后，装设携带型接地线前，必须用验电器验明设备确实无电后，方可装设接地线。高压验电器的设计先进，结构合理，性能完善可靠，使用最方便，是当前国内外电力行业更新换代的理想产品，是发电厂、变电所、工矿电气部门必备的安全工器具。高压验电器如图 2. 1. 20 所示。高压验电操作示意图如

图 2. 1. 21 所示。

图 2. 1. 20　高压验电器

高压验电器的使用方法（微课）（视频文件）

图 2. 1. 21　高压验电操作示意图

（一）高压验电器的组成及工作原理

高压验电器一般都是由检测部分（指示器部分或风车）、绝缘部分、握手部分三大部分组成，如图 2. 1. 22 所示。如声光验电器由验电接触头、测试电路、电源、报警信号、试验开关等部分组成。

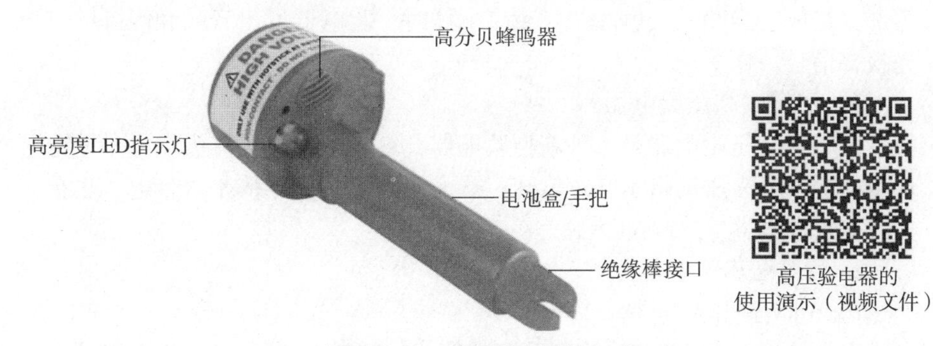

高压验电器的使用演示（视频文件）

图 2. 1. 22　高压验电器的组成

我们在利用验电器进行检验的时候，一般会将物体与金属板进行接触。一旦物体带电的时候，那么就会有电荷被传输到两片金箔上面，由于金箔的电量相同，电荷相同，所以就会彼此出现排斥的情况。这样金箔片就会张开，张开的大小是随着电荷的量而定的，带的电量越多，那么张开的角度也就会变得越大。当物体本身不带电的时候，那么金箔片就不会分开。下面通过两种情况分析一下高压验电器的工作原理。

验电器接触头接触到被试部位后，被测试部分的电信号被传送到测试电路，经测试电路判断后，被测试部分有电时验电器发出报警声音和灯光闪烁信号报警，无电时没有任何信号指示。为检查指示器工作是否正常，设有试验开关，按下后能发出报警声音和灯光信号，表示指示器工作正常。

（二） 高压验电器的特点

高压验电器是通过检测流过验电器对地杂散电容中的电流，检验设备、线路是否带电的装置。其各部分要连接牢固、可靠、指示器密封完好，表面光滑、平整、指示器上的标志完整。绝缘杆表面清洁、光滑。具有携带方便、验电灵敏度高、不受强电场干扰、具备全电路自检功能、待机时间长等特点。

（三） 高压验电器的类型

1. 从结构和工作原理分类

从结构和工作原理来分，有传统的氖灯式和新型的回转式、具有声光信号的电容感应式等多种类型。

1）氖灯式高压验电器

氖灯式高压验电器的工作原理：带电体、验电器、人体与大地形成回路（通常 60 V 以上电压），当带电体与大地形成一定的电位差时，氖泡起辉。

在交流电时氖泡两极发光，直流电时则一极发光。

2）电容感应式高压验电器

电容感应式高压验电器一般由指示部分、绝缘部分和握柄三大部分组成。声光式验电器由验电接触头、测试电路、电源、报警信号、试验开关等部分组成。当验电接触头接触到带电体时，验电器发出音响和闪烁的灯光报警信号。

3）回转式高压验电器

回转式高压验电器是一种新型验电器，它利用带电导体尖端电晕放电产生的电晕风来驱动指示叶片旋转，从而检查设备或导体是否带电，也称为风车式验电器。

2. 按照电压等级分类

1）6 kV 高压验电器

有效绝缘长度：840 mm；手柄长度：120 mm；节数：5 节；护环直径：55 mm；接触电极长度：40 mm。

2）10 kV 高压验电器

有效绝缘长度：840 mm；手柄长度：120 mm；节数：5 节；护环直径：55 mm；接触电极长度：40 mm。

3）35 kV 高压验电器

有效绝缘长度：1 870 mm；手柄长度：120 mm；节数：5 节；护环直径：57 mm；接触电极长度：50 mm。

4）110 kV 高压验电器

适用电压等级：110 kV；回态长度：60 cm；伸态长度：200 cm。

5）220 kV 高压验电器

适用电压等级：220 kV；回态长度：80 cm；伸态长度：300 cm。

6）500 kV 高压验电器

适用电压等级：500 kV；回态长度：60 cm；伸态长度：720 cm。

（四）高压验电器的操作方法与操作规范

（1）投入使用的高压验电器必须是经电气试验合格的验电器，高压验电器必须定期试验，确保其性能良好。

（2）使用高压验电器必须穿戴高压绝缘手套、绝缘鞋，并有专人监护。

（3）在使用验电器之前，应首先检验验电器是否良好、有效外，还应在电压等级相适应的带电设备或工频高压发生器上检验报警正确，方能到需要接地的设备上验电，禁止使用电压等级不对应的验电器进行验电，以免现场测验时得出错误的判断。

（4）验电时，人体与带电体应保持足够的安全距离，10 kV 高压的安全距离为 0.7 m 以上。

四、绝缘棒的使用

绝缘棒又称令克棒、绝缘拉杆、绝缘操作杆等。绝缘棒是在闭合或拉开高压隔离开关，装拆携带式接地线，以及进行测量和试验时使用。绝缘棒如图 2.1.23 所示。

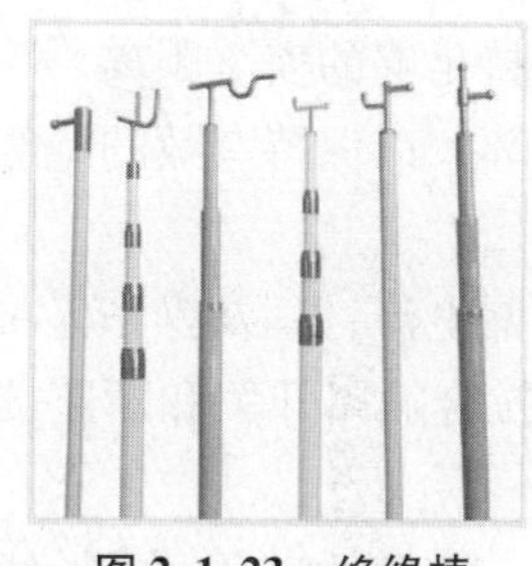

图 2.1.23　绝缘棒

绝缘棒的使用（视频文件）

（一）绝缘棒的组成

绝缘棒由工作部分、绝缘部分和握手部分构成。绝缘棒结构如图 2.1.24 所示。工作部分一般由金属或具有较大机械强度的绝缘材料（如玻璃钢）制成，一般不宜过长。在满足工作需要的情况下，长度不应超过 5～8 cm，以免操作时发生相间或接地短路。绝缘部分和握手部分是用浸过绝缘漆的木材、硬塑料、胶木等制成，两者之间由护环隔开。绝缘棒的绝缘部分须光洁、无裂纹或硬伤。绝缘部分和握手部分的长度应根据工作需要、电压等级和使用场所而定，如 110 kV 电气设备使用的绝缘棒，其绝缘部分的长度为1.3 m，握手部分的长度为0.9 m。另外，为了便于携带和保管，往往将绝缘棒分段制作，每段端头有金属螺钉，用以相互镶接，也可用其他方式连接，使用时将各段接上或拉开即可。

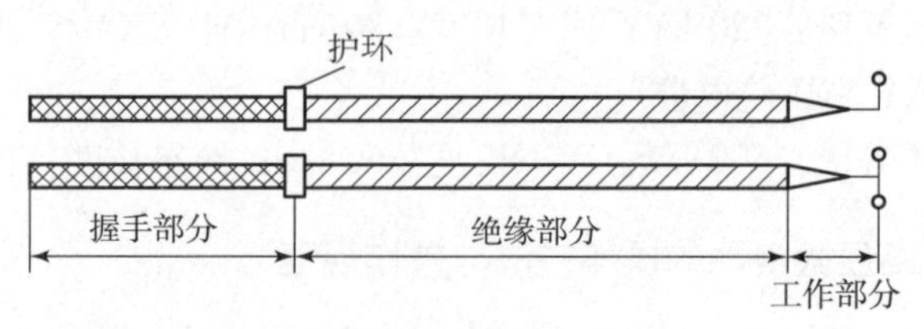

图 2.1.24　绝缘棒结构

（二）绝缘棒的操作

1. 绝缘棒的使用方法

（1）绝缘棒使用前应检查型号规格、制造厂名、制造日期、电压等级及带电作业用的符号（双三角）等标识是否清晰完整。

（2）绝缘棒应光滑。

（3）绝缘棒绝缘部分应无气泡、皱纹、裂纹、绝缘层脱落、严重的机械或电灼伤痕，玻璃纤维布与树脂间应黏结完好不得开胶。

（4）握手的手持部分护套与操作杆应连接紧密、无破损，不产生相对滑动或转动。

（5）绝缘棒的规格必须符合被操作设备的电压等级，切不可任意取用。

（6）操作前，绝缘棒表面应用清洁的干布擦拭干净，使表面干燥、清洁。

（7）操作时，人体应与带电设备保持足够的安全距离。

（8）操作者的手握部位不得越过护环，以保持有效的绝缘长度，并注意防止绝缘棒被人体或设备短接。

（9）为防止因受潮而产生较大的泄漏电流，危及操作人员的安全，在使用绝缘棒拉合隔离开关或经传动机构拉合隔离开关和断路器时，均应戴绝缘手套。

（10）雨天在户外操作电气设备时，绝缘棒的绝缘部分应有防雨罩，罩的上口应与绝缘部分紧密结合，无渗漏现象，以便阻断流下的雨水，使其不致形成连续的水流柱而大大降低湿闪电压。

（11）雨天使用绝缘棒操作室外高压设备时，应穿绝缘靴。

2. 绝缘棒的使用及存放注意事项

（1）在下雨、下雪或潮湿的天气，室外使用绝缘棒时，绝缘棒上应装有防雨的伞形罩，使绝缘棒的伞下部分保持干燥。没有伞形罩的绝缘棒，不宜在上述天气中使用。

（2）在使用绝缘棒时要注意防止碰撞，以免损坏表面的绝缘层。绝缘棒应存放在干燥的地方，一般将其放在特制的架子上。绝缘棒不得与墙或地面接触，以免碰伤其绝缘表面。

（3）绝缘棒应按规定进行定期绝缘试验。

任务二　登杆作业专用器具的使用

供电线路因年久失修造成线路弛度过大、避雷器击穿、瓷瓶损坏等原因都需要维修电工进行登杆作业才能排除故障，才能保证供电线路安全可靠地运行。所以维修电工进行登杆作业是电气故障处理的经常性工作，通过学习该操作规程，可规范操作员工操作程序，识别风险因素，在保证人身安全的同时保质保量地完成电气故障处理工作任务。

电工登杆作业专用器具的使用（微课）（视频文件）

登杆作业有脚扣登杆和升降板登杆两种方法。脚扣登杆用于平时常规登杆，脚扣登杆如图 2. 2. 1 所示。升降板登杆用于特殊天气、特殊环境的非常规登杆，升降板登杆如图 2. 2. 2 所示。

图 2. 2. 1　脚扣登杆

图 2. 2. 2　升降板登杆

一、 脚扣登杆作业的使用

（一） 脚扣登杆所需的工具

脚扣登杆所需工具如表 2. 2. 1 所示。

表 2. 2. 1　脚扣登杆所需工具列表

序号	名称
1	脚扣
2	安全带
3	速差保护器

1. *脚扣*

常用脚扣分为用于登水泥杆带胶皮的可调式铁脚扣和用于登木质电杆的不可调式铁脚扣。目前常用的为可调式铁脚扣，如图 2. 2. 3 所示。

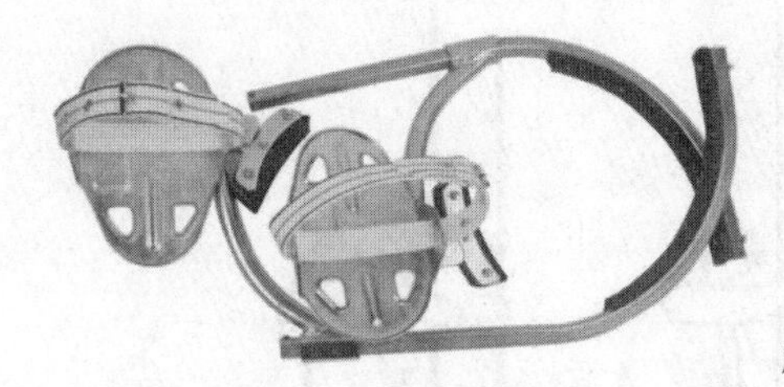

脚扣的使用（视频文件）

图 2. 2. 3　可调式铁脚扣

脚扣使用注意事项：

（1）常用可调式铁脚扣，主要用来攀登拔稍水泥杆。它的上半部由圆形铁管制成，在半圆形铁管的平面上用几个螺丝固定一块硬橡胶，半圆管的下部制成方形穿到下半部的方形铁箍中，方形铁箍焊到下半部的圆形铁管上，用来调节圆弧的大小，下半部与杆接触处也焊有一块长方形铁板并用螺丝将一块后胶垫固定于其上，下半部的半圆管和长方形铁板同时都焊在脚踏的凹形铁板下面，凹形铁板的两侧开有扁孔用来穿脚扣带，制作脚扣用的铁管必须是优质钢材，并经过国家标准检验部门检验许可后方可生产出厂。

（2）脚扣使用前必须仔细检查有无合格证，是否按规定周期试验，是否在检验周期内，各部分有无断裂、腐朽现象，脚扣皮带是否完好牢固，如有损坏应及时更换，不得用绳子或电线代替。

（3）在登杆前应对脚扣进行人体荷载冲击试验，检查脚扣是否牢固可靠。穿脚扣时，脚扣带的松紧要适当，应防止脚扣在脚上转动或脱落。

（4）上杆时，一定按电杆的规格，调节好脚扣的大小，使之牢固地扣住电杆，上、下杆的每一步都必须使脚扣与电杆之间完全扣牢，否则容易出现下滑及其他事故。雨天或冰雪天因易出现滑落伤人事故，故不宜采用脚扣登杆。

（5）脚扣登杆应全过程系好、系牢安全带，不得失去安全保护。

2. 围杆作业安全带

围杆作业安全带是高处作业工人预防坠落伤亡的防护用品。由带子、绳子和金属配件组成，总称安全带。围杆作业安全带适用于一般电工、通信外线工等杆上作业。围杆作业安全带如图2.2.4所示。

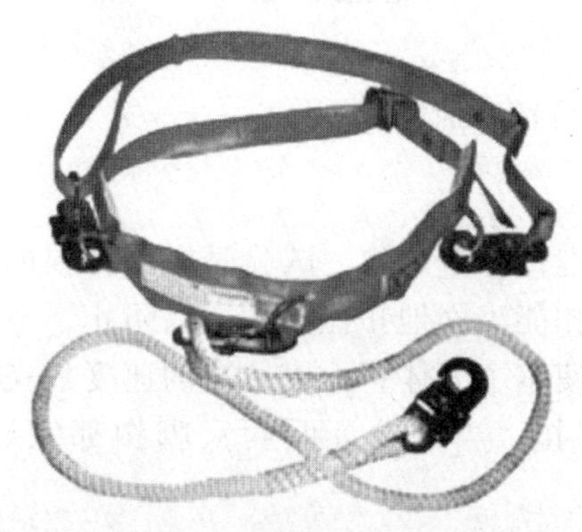

图2.2.4　围杆作业安全带

安全带的使用注意事项：

（1）安全带使用前，应做一次外观全面检查。

（2）安全带使用时要对安全带的各部件做一冲击试验。

（3）在工作中应正确佩戴安全带。

（4）安全带的后备绳应水平拴挂或高挂低用，严禁低挂高用。

（5）高空作业人员在工作中移位时不得失去安全带的保护。

（6）安全带不得拴挂在比较尖锐的构件上。在杆塔上作业时，围杆作业安全带的后备绳应拴在不同位置牢固的构件上。

（7）后备绳超3 m以上使用时应加装缓冲装置。

3. 速差保护器

速差保护器是专为高空作业人员预防高空坠落而设计的一种新颖安全保护用具。该用具利用物体下坠的速度差进行自控，因此又称为速差自控器或防坠器。产品高挂低用，使用时只需将锦纶吊绳跨过上方坚固钝边的结构物上，将安全钩扣除吊环，将自控器悬挂在使用者上方，把安全绳上的铁钩挂入安全带上的半圆环内，即可使用，正常使用时，安全绳将随人体自由伸缩，不需经常更换悬挂位置。在器内机构的作用下，安全绳应一直处于半紧张状态，使使用者轻松自如，无牵无挂地工作。一旦人体失足坠落，安全绳的拉出速度加快，器内控制系统则立即自动锁止，使安全绳下坠不超过0.2 m，冲击力小于2 942 N，对人体毫无伤害，负荷一旦解除又能恢复正常工作，工作完毕后安全绳将自动回收到器内，便于携带。速差保护器如图2.2.5所示。

速差防坠器的使用（视频文件）

图 2.2.5　速差保护器

（二）脚扣登杆作业流程

1. 登杆前准备

登杆前对脚扣进行冲击试验，试验时根据杆根的直径，调整好合适的脚扣节距，使脚扣能牢固地扣住电杆，以防止下滑或脱落到杆下，先登一步电杆，然后使整个人体重力以冲击的速度加在一只脚扣上，若无问题再试另一只脚扣。当试验证明两只脚扣都完好时方可进行登杆作业。

2. 脚扣登杆

两手扶杆，用一只脚扣稳稳地扣住电杆，另一只脚扣准备提升，若左脚向上跨时，则左手应同时向上扶住电杆，接着右脚向上跨扣，踩稳，右手应同时向上扶住电杆，这时再提起左脚向上攀登。两只脚交替上升，步子不宜过大，并注意防止两只脚扣互碰。身体上身前倾，臀部后坐，双手扶住围杆带，切忌搂抱电杆。等到一定高度时适当收缩脚扣节距，使其适合变细的杆径。快到顶时，要防止横担碰头，待双手快到杆顶时要选择好合适的工作位置，系好安全带。

脚扣节距调整要领：若调节左脚脚扣时，右脚踩稳，左脚脚扣从杆上拿出来并抬起，左手扶住电杆，右手绕过电杆抓住左脚脚扣上半部拉出或推进到合适的位置，来达到调节的目的。若调节右脚则程序正好相反。

脚扣登杆示意图如图 2.2.6 所示。

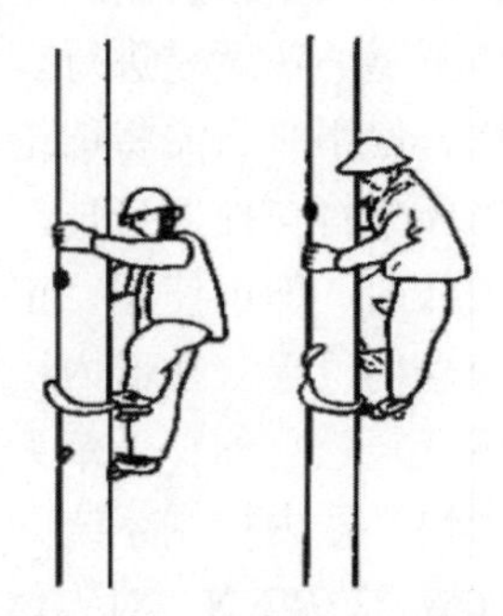

图 2.2.6　脚扣登杆示意图

3. 杆上作业

杆上作业时，经常要向两侧探身，应注意使受力的一只脚站稳。同时腰带一定要绷紧受力，正确的操作方法是：向左侧探身作业时应左脚在下，右脚在上；向右侧探身作业时应右脚在下，左脚在上。操作时人身体的重量都集中在下面的一只脚上，上面的一只脚只起辅助作用，但也一定要扣好，防止脚扣松弛后掉下打到下面的脚扣。

4. 脚扣下杆

下杆方法基本是上杆动作的重复，只是方向相反。脚扣下杆示意图如图 2. 2. 7 所示。

图 2. 2. 7　脚扣下杆示意图

二、 升降板登杆作业的使用

（一） 升降板登杆所需的工具

升降板登杆使用升降板来代替脚扣，其余所需工具与脚扣登杆方法都相同。

升降板是选用质地坚韧的木材，如水曲柳、柞木等，制作成 30 ~ 50 mm厚的长方形踏板。绳索采用白棕绳，绳两端系结在踏板两头的凹槽内。在绳的中间套上一个心形铁环再穿上一个铁制挂钩。升降板绳长应保持操作者一人加手长的长度。踏板和白棕绳应能承受 300 kg 重量。升降板如图 2. 2. 8 所示。

图 2. 2. 8　升降板

升降板使用注意事项：

（1）使用前，一定要检查有无合格证，是否按规定周期进行过试验，是否在检验周期以内。踏板有无开裂或腐蚀，绳索有无腐蚀或断股现象，若发现应及时更换处理。

（2）使用时必须正钩，即钩朝外。切勿反钩，以免造成脱钩事故；挂钩方法如图 2. 2. 9 所示。

图 2. 2. 9　挂钩方法

（3）登杆前应先挂好踏板，用人体冲击荷载试验，以检验踏板的可靠性。

（4）严禁将绳索打结后使用。

（二）升降板登杆作业流程

1. 升降板登杆过程

（1）先把一块升降板钩挂在电杆上，高度以操作者能跨上为准，另一块反挂在肩上，如图 2. 2. 10（a）所示。

（2）用右手握住挂钩端两根棕绳，并用大拇指顶住挂钩，左手握住左边贴近木板的单根棕绳，将右脚跨上踏板，然后右手用力使人体上升，待重心转到右脚后，左手即向上扶住电杆，如图 2. 2. 10（b）所示。

（3）当人体上升到一定高度时，松开右手并向上扶住电杆使人体站直，将左脚绕过左边单根棕绳踏入木板内，如图 2. 2. 10（c）所示。

（4）站稳后，在电杆上方挂另一块升降板，然后右手紧握上一块升降板的两根棕绳，并用大拇指顶住挂钩，左手握住左边贴近木板的单根棕绳，把左脚从下面升降板左边的单根棕绳内绕出，改成站在下升降板正面，接着将右脚跨上上升降板，手脚同时用力，使人体上升，如图 2. 2. 10（d）所示。

（5）当人体左脚离开下升降板后，需要将下面的踏板解下，此时左脚必须抵在下升降板挂钩的下面，然后用左手将下升降板挂钩摘下，向上站起，如图 2. 2. 10 所示。

以后重复上述各步骤进行攀登，直至所需高度。

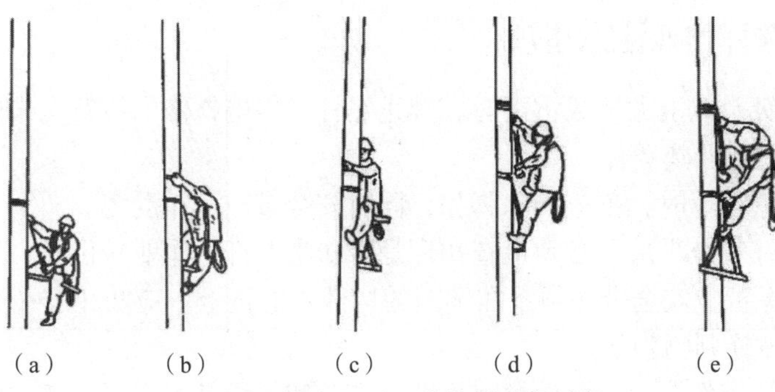

（a）　（b）　（c）　（d）　（e）

图 2.2.10　升降板登杆过程

2. 杆上作业

杆上作业时，经常要向两侧探身，应注意使受力的一只脚站稳。同时腰带一定要绷紧受力，正确的操作方法是：向左侧探身作业时应左脚在下，右脚在上；向右侧探身作业时应右脚在下，左脚在上。

3. 升降板下杆

（1）将人体站稳在所使用的升降板上（左脚绕过左边棕绳踏在踏板上），弯腰把另一块升降板挂在下方电杆上，然后右手紧握升降板挂钩处两根棕绳，并用大拇指抵住挂钩，左脚抵住电杆下伸，随即用左手握住下面升降板的挂钩处，人体也随左脚的下落而下降，同时把下升降板降到适当位置，将左脚插入下升降板两棕绳间并抵住电杆，如图 2.2.11（a）所示。

（2）接着，将左手握住上升降板的左端棕绳，同时左脚用力抵住电杆，以防止升降板滑下和人体摇晃，如图 2.2.11（b）所示。

（3）双手紧握上升降板的两根棕绳，左脚抵住电杆不动，人体逐渐下降，双手也随人体下降而下移握紧棕绳的位置，直至贴近两端木板，如图 2.2.11（c）所示。

（4）人体向后仰，同时右脚从上升降板退下，使人体不断下降，直至右脚踏到下升降板，如图 2.2.11（d）所示。

（5）把左脚从下踏板两根棕绳内抽出，人体贴近电杆站稳，左脚下移并绕过左边棕绳踏到下升降板上，如图 2.2.11（e）所示。

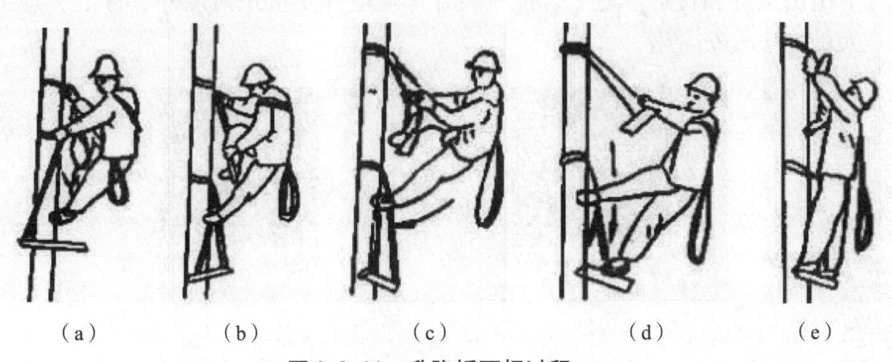

（a）　（b）　（c）　（d）　（e）

图 2.2.11　升降板下杆过程

以后各步骤重复进行，直至人体双脚着地为止。

三、 登杆作业注意事项

（1）六级及以上大风或雷雨时，禁止登杆。停电检修的线路在未验明导线确无电前，严禁登杆。

（2）杆上作业时，不应摘除脚扣，同时安全带应可靠受力。

（3）系好安全带后，必须检查扣环是否扣牢。杆上作业转位时，不得失去安全带保护，安全带必须系在牢固的构件或电杆上。应防止安全带从杆顶脱出或被锋利物割伤。

（4）上杆塔作业前，应先检查根部、基础和拉线是否牢固。新立电杆在杆基未完全牢固或做好临时拉线前，严禁攀登。遇有冲刷、起土、上拔或导地线、拉线松动的电杆，应先培土加固，打好临时拉线或支好杆架后，再进行登杆。

（5）登杆前，应先检查登高工具和设施，如脚扣、升降板、安全带、梯子和脚钉、爬梯、防坠装置等是否完整牢靠。禁止携带器材登杆或在杆塔上移位。严禁利用绳索、拉线上下杆塔或顺杆下滑。上横担进行工作前，应检查横担连接是否牢固和腐蚀情况，检查时安全带（绳）应系在主杆或牢固的构件上。

（6）在杆塔高空作业时，应使用有后备绳的双保险安全带，安全带和保护绳应分挂在杆塔不同部位的牢固构件上，应防止安全带从杆顶脱出或被锋利物损坏。人员在转位时，手扶的构件应牢固，且不得失去后备保护绳的保护。

四、 杆上作业应遵守的规定

（1）工作人员必须系好安全腰带。作业时安全腰带应系在电杆或牢固的构架上。

（2）转角杆不宜从内角侧上下电杆。正在紧线时不应从紧线侧上下电杆。

（3）要检查横担腐朽、锈蚀情况，严禁攀登腐朽、锈蚀超限的横担。

（4）杆上作业所用工具、材料应装在工具袋内，用绳子传递。严禁上下抛扔工具和材料。地上人员应离开作业电杆安全距离以外，杆上、地上人员均应戴安全帽。

高空作业操作
规程（微课）（视频文件）

高处坠落伤亡事故
预防措施（视频文件）

任务三　电力安全工器具的管理

为规范安全工器具的管理，充分发挥安全工器具在运行维护工作中的作用，提高综合经济效益，防止安全事故的发生，施工单位都要根据行业标准制定管理规定。

电力安全工器具的管理
（微课）（视频文件）

一、 工器具管理规定

（1）各单位应制定安全工器具的管理细则，明确管理分工、责任和工作接口，实施全过程管理。

（2）各单位安监部门是管理安全工器具的归口部门。安监部门应设专责人（或兼职），负责安全工器具管理。

（3）安监部门的主要职责：完成安全工器具的选型、选厂，监督检查工器具试验、使用和报废。应指定本单位各类安全工器具的电气、机械试验部门，统一安排、管理试验工作。

（4）购置安全工器具的资金按照《安全生产工作规定》，每年从更新改造或其他生产费用中提取，并优先予以安排。

（5）车间管理职责：

①车间应制定安全工器具管理职责、分工和工作标准。

②车间安全员是管理安全工器具的专责人，负责制定、申报安全工器具的订购、配置、报废计划；组织、监督检查安全工器具的定期试验、保管、使用等工作。

③车间应建立安全工器具台账，并抄报安监部门。

（6）班组管理职责：

①班组应建立安全工器具管理台账，做到账、卡、物相符，试验报告、检查记录齐全。

②班组在交接班时应检查安全工器具，发现不合格或超试验周期的应禁止使用。

③对工作人员进行安全培训，严格执行操作规定，正确使用安全工器具。不熟悉安全工器具使用操作方法的人员不得进行相关作业。

④班组应每月对安全工器具全面检查一次，并指定专人保管，保管人应定期进行日常检查、维护、保养。

⑤班组公用安全工器具应编号定置存放，个人工器具自行保管。使用前按照规定对工器具进行检查，无异常后方可使用。

二、 安全工器具的使用管理

（一） 安全工器具常规管理要求

（1） 安全工器具必须有本单位统一规定的设备名称、编号。

（2） 安全工器具每次使用前，必须进行外观检查，不合格的严禁使用。

（3） 安全工器具应存放在干燥通风和温度适宜的橱柜内或构架上，按编号定置存放，妥善保管。安全工器具不得移作他用。

（4） 橡胶制成的绝缘器具，应放在避光的橱柜内，橡胶层间应撒上滑石粉。绝缘器具不能与金属、注油工具混放保管或运输。

（5） 防毒面具应严格按照使用说明书和存放要求管理，并做好登记。

（6） 各班组的安全工器具，必须建立健全管理台账，做到账、卡、物相符，试验报告齐全。安全工器具应随班交接。对不合格的安全工器具由车间安全员负责报废、销毁，做好记录。

（7） 班组每月对安全工器具外观检查一次，需要安全员参加；车间对所辖班组安全工器具，每季度检查一次，抽查率应达到30%，由车间领导、安全员负责检查；公司每半年需对各车间进行抽查，抽查率不低于10%。所有检查均要做好记录。

（8） 安全工器具应时刻处于完好的备用状态，使用后应妥善保管。未经本单位负责人或安全员的许可，班组不得将安全工器具转借外单位（及个人）使用。

（二） 常用安全工器具的管理

1. 安全帽

（1） 用于保护工作人员头部，减缓撞击伤害。进入工作现场必须戴安全帽。使用前必须做外观检查，检查帽壳、帽箍、下腭带、后扣等附件必须完好无损，帽壳与帽箍顶部垂直距离应调整到25～50 mm。

（2） 安全帽戴好后，应检查是否将后扣调到合适位置，下腭带应扎好。

（3） 安全帽使用期限：从产品制造完成日期算，塑料安全帽不超过两年半，玻璃钢（维尼纶）安全帽不超过三年半。

（4） 要选用具有冲击吸收性能、耐穿刺性能、阻燃性能、电气绝缘性能的安全帽。

2. 绝缘手套

（1） 每次使用前必须进行外观检查，可采用充气挤压法进行检查。如有发黏、裂纹、破口、发脆等损伤时禁止使用。

（2） 不准与酸、碱、油类、化学药品接触。

（3） 戴绝缘手套时不准触摸尖硬、带水等物件。

（4） 绝缘手套的选用：生产绝缘手套厂家应有国家指定检验部门颁发的生产许可证。每副手套的筒口附近至少应有以下四项标志：

①厂名；

②分类标记；

③制造日期或生产批号；

④生产许可证编号。

3. 绝缘靴（鞋）

（1）绝缘靴（鞋）严禁移作他用。也不能用耐油靴、耐碱靴、雨靴代替绝缘靴（鞋）使用。

（2）每次使用前必须进行外观检查，有破损的严禁使用。

（3）应存放在远离酸、碱、油类、化学等物品的干燥通风的指定地方或柜内。

（4）雷雨天或系统有接地时、巡视室外高压设备时必须穿绝缘靴（鞋）。在雷雨天气，即便穿绝缘靴（鞋）也不准靠近避雷针和避雷器。

4. 安全带

（1）安全带应正确使用，必须高挂低用，严禁将电工安全带用于高空作业。

（2）在作业中，应系、挂在牢固的构架上，禁止挂在可移动或有尖锐棱角的构架上使用。

5. 安全网

（1）安全网在使用前应进行检查，是否有腐烂或损坏情况。

（2）安全网所用的架设支撑，如用的木杆，其小头直径不得小于8 cm，两根撑杆的距离不得大于4 m。安全网支出宽度不得小于3 m，网与墙面或建筑物的夹角为75°，并要求外高内低。

（3）在建筑楼房中使用安全网时，从第二层开始就应加设，并随建筑物升高而逐层增设，一般安全网距作业地点的高度不应大于3 m。

（4）安全网使用过程中，应随时检查，如果绑扎点有损坏或松脱，应及时修理，加固或更换。

（5）掉入安全网里的材料、物件应及时清理。

（6）在安全网上方切割或焊接时，要防止火花落入安全网内，把安全网烧坏。

（7）使用完的安全网，要及时拆除，妥善保管、防止霉烂。

6. 高压验电器

（1）高压验电器是检验高压电气设备有无电压的验电用具。

（2）必须经耐压试验合格后才准使用，在雨、雪、雾天气时禁止在室外使用。

（3）高压验电器的手柄上应标有电压、制造厂和出厂编号。对110 kV及以上验电器还须标有配用的绝缘杆节数和长度。工作电压应与被测设备的电压相同。

（4）使用时，操作人员须佩戴绝缘手套，穿绝缘靴，手握在护环下侧握柄处。人体与带电部分距离应符合《电业安全工作规程》（发电厂与变电所部分）中规定的设备不停电时的安全距离。

（5）使用前应在有电设备上进行试验，当有声、光报警信号时，确认为良好。使用时要将高压验电器逐渐接近所试设备，直至与所试设备可靠接触，若验电器无报警信号，则证明该设备无电压。

（6）抽拉式高压验电器其绝缘杆必须完全拉出。不准使用超过试验周期的高压验电器。使用高压验电器时，绝缘杆不准碰触到金属接地体上。

7. 速差自控器（防坠器）

速差自控器用于系带与挂点间，利用一旦发生坠落时人体坠落冲击的速度差而自动锁止，从而达到保护作业人员人身安全的目的。

（1）使用前，须依据 GB 6095—2009、GB 24544—2009、GB 24543—2009、GB 23469—2009 认真检查速差自控器外观。

（2）使用时，必须将速差自控器串联于系带与挂点之间，并仅能高挂低用，且不得与保安绳挂于同一挂点，倾斜角度不得超过 30°。

（3）使用时，一般不可松解，如确需移位松解时，一旦移位到位，须立即重复高挂低用方式挂于便于工作的可靠挂点。

（4）使用完毕后回收钢丝绳式速差自控器的钢丝绳时，严禁中途松手，避免因钢丝绳回速过快造成弹簧断裂、绳索打结，导致速差自控器无法使用。

（5）严禁私拆和改装速差自控器，确需修理或更换部件的须由专业人员或厂商处理。一经修理或更换部件，须严密监测，以防由于监测不到位或其他原因造成事故隐患。

（6）速差自控器必须定期进行预试。

8. 登杆脚扣

脚扣作为登高器具在配电作业中使用极为频繁，是重要的安全器具。

（1）穿用登高脚扣必须取得相应资质。

（2）登杆脚扣目前没有国标、行标，其依据主要参考 DL 409—2005，据此使用前，更应严格检查，把好关。

（3）登杆前务必仔细检查欲登杆的杆体，以确保安全。

（4）正式登杆前，必须对脚扣做试登试验，经证明无误后方可登杆作业。

（5）严禁用绳子或其他线状物替代脚扣的系脚皮带。

（6）严禁将脚扣由高处向下抛掷。

（7）一般脚扣的登高高度不得超过 15 m。

（8）登杆脚扣必须定期预试。

9. 登高板（踩板）

登高板作为登高器具在低压配电作业中使用极为频繁，是重要的安全器具。随着脚扣的普遍运用，登高板已较少使用，但在有些省份和地区还在继续使用。

（1）穿用登高板必须取得相应的资质。

（2）和登杆脚扣一样，目前没有国标、行标，其依据主要参考 DL 409—2005，据此使用前，更应严格检查，把好关。

（3）登杆前务必仔细检查欲登杆的杆体，以确保安全。

（4）登杆作业时，必须正确使用登高板。

（5）正式登杆前必须对登高板做试登试验，经证明无误后方可登杆作业。

（6）一般登高板的登高高度不得超过 15 m。

（7）登高板必须定期预试。

10. 梯子

普通梯子材质很多，如木梯、竹梯、铝合金梯等，梯形规格繁杂。

（1）使用时，应特别注意梯子各部件的机械强度。

（2）梯子进出现场必须由 2 人或 2 人以上横位搬运进入，与带电设备和线路保持安全距离，严禁竖立搬运。

（3）使用梯子时必须稳妥安放、防滑，必须有专人监护与扶梯。必要时，还应将梯子捆绑固定。梯顶须高于支撑平面至少 1 m。

（4）使用梯子时，必须根据 GB/T 17889. 1—2012、GB/T 17889. 2—2012 对梯子进行检查。

（5）须三点接触登梯，作业时须距梯顶不少于 2 挡梯蹬，不得跨骑作业，严禁手携工具时登梯，严禁侧向探身作业，人字梯严禁以骑马方式作业，拉紧限开。

（6）使用梯子时严禁上下抛递器具、材料。

（7）梯子必须定期预试。

11. 高压带电显示装置

高压带电显示装置安装于 3 kV 及以上，50 Hz 的电力系统中运行的户内或户外高压电气设备上，诸如控制柜、母线排、高压线路等部件上，利用发光器件警示有关作业人员，告知设备或线路带有电压与否的装置。高压带电显示装置也可以与相位识别器配合使用。高压带电显示装置分为通过传感器取样的地电位装置和直接安装在一次带电设备上的等电位带电显示装置两大类。高压带电显示装置如图 2. 3. 1 所示。

图 2. 3. 1　高压带电显示装置

（1）当高压带电显示装置无电时不能可靠表明该装有高压带电显示装置的设备或线路不存在电压，如需确认设备或线路是否带电，必须使用验电设备验电后方能确认。

（2）不论地电位或等电位的带电显示装置都必须满足 DL/T 538—

2006 的规定和技术要求。

（3）配装在高压电气设备上的高压带电显示装置除技改外一般不再拆除，因此必须定期对显示装置进行检查，以防由于高压带电显示装置出错，同时又疏漏正常的验电而引发事故。

（4）配装在变电站内母线排、母联、隔离开关上下桩头等线路上的高压带电显示装置主要是利用其发光显示来警示运行人员或检修人员设备或线路带电，以此防止由于走错间隔、带电合地刀、误登线杆、误操作等“习惯性违章”而导致引发事故。

（三）安全工器具的检验及报废管理

（1）安全工器具的外观检查工作定期由各专业队专职安全员组织进行，安全工器具电气部分统一由调试试验中心负责检验，并形成检查记录、存档。

（2）安全工器具的定期试验工作由项目部安监部门联系有关单位进行，同时形成试验记录、存档。

（3）损坏和报废的安全工器具，由专业队专职安全员申报专业队长和项目部安监部门，由专业队长和安监部门人员共同进行报废鉴定，并按报废数量及时补充。

（四）电力安全工器具的运输管理

电力安全工器具的使用都在工作现场，特别是电力线路工作使用的安全工器具，经常要从甲地运送到乙地。在运输过程中，往往被大家忽略了安全工器具的运输安全管理问题，因此运输不当造成电力安全工器具的损伤、损坏，应引起我们足够的重视。电力安全工器具运输示意图如图 2.3.2 所示。

图 2.3.2　电力安全工器具的运输

电力安全工器具运输过程中的注意事项：

（1）严禁将电力安全工器具与其他施工材料混放运输。

（2）容易划伤、损坏、破损的电力安全工器具应放入专用箱盒内运输，如绝缘手套、验电器等。

（3）绝缘杆在运输时应分节装入保护袋内，严禁将绝缘杆裸杆随意丢在车厢内运输。

(4) 登高工器具在运输时，严禁乱堆、乱放、乱甩，防止尖刺物损伤绳索等部件。

(5) 梯子运输时必须绑扎牢固，运输途中应注意空中障碍。

三、 安全工器具的试验标准

（一） 常用电气绝缘工具试验标准（见表 2. 3. 1）

表 2. 3. 1　常用电气绝缘工具试验标准表

序号	名称	电压等级/kV	周期	交流耐压/kV	时间/min	泄漏电流/mA	附注
1	验电笔	6～10	每六个月一次	40	5		发光电压不高于额定电压的25%
		20～35		105			
2	绝缘手套	高压	每六个月一次	8	1	≤9	
		低压		2. 5		≤2. 5	
3	橡胶绝缘靴	高压	每六个月一次	15	1	≤7. 5	
4	绝缘绳	高压	每六个月一次	105/0. 5 m	5	≤0. 03	

（二） 登高安全工具试验标准（见表 2. 3. 2）

表 2. 3. 2　常用登高安全工具试验标准表

名称	试验静拉力/N	试验周期	外表检查周期	试验时间/min
安全带	2 205	半年一次	每月一次	5
安全绳	2 205	半年一次	每月一次	5
升降板	2 205	半年一次	每月一次	5
脚扣	980	半年一次	每月一次	5
竹（木）梯	试验荷重 1 765 N	半年一次	每月一次	5

四、 安全工器具的发展及展望

截至2018年年底，全国全口径发电装机容量为189 967亿千瓦时、同比增长6. 5%。其中，水电发电装机容量为35 226亿千瓦时、同比增长

2.5%；火电发电装机容量为 114 367 亿千瓦时、同比增长 3.0%；核电发电装机容量为 4 466 亿千瓦时、同比增长 24.7%；风电发电装机容量为 18 426 亿千瓦时、同比增长 12.4%；太阳能发电装机容量为 17 463 亿千瓦时、同比增长 33.9%。基建新增发电装机容量为 12 439 亿千瓦时、同比下降 4.6%。我国已成为世界第一大发电国，输电线路及公用变电设备容量也位居世界前列。

“十三五”规划中，国家在这五年中突出强调了七大战略产业和十大产业振兴规划，能源作为国民经济的排头兵，始终处于先行的地位。新能源既作为七大战略产业的先导型产业又作为十大产业振兴规划中资本密集型产业赫然列于其中，据此，新能源的大发展成为必然，我国目前能源消费的约 55% 原油依赖国外，每年进口煤炭约 10 亿吨，基本占了半壁江山，而我国碳排放量已经位列世界第一，环境压力极大，发展新能源即是能源结构的迫切需要，也是环境保护、生存发展的需要，是必经之路。未来 10 年国家安排的新能源投入资金高达 5 万亿元，同时，国家对传统电能的升级改造（包括机组、网架）等任务也十分繁重。面对这样的经济形势，电力安全工器具研发与使用势必随之有较大的发展。

现役的电力安全工器具已经几十年一贯制，近年虽然也有一些新产品、新设备，但总体上变化不大，发展不快，普遍存在简单粗放、技术含量低等陋迹，无法适应现代高技术电厂和电网的飞速发展。大背景的变化，给电力安全工器具生产单位提供了极好的机遇，应顺势而上，深入跟踪，收集需求、升级原有产品，研发适应新条件下的新产品，并不断完善和系列化。

◆小提示：安全工器具管理六把关

一是严把购入关。在购置安全工器具时，对生产厂家进行严格考查，确认其是否有系统内许可从事安全工器具的进网许可证，并按照相关规定要求进行抽样检查，以检测其耐压等级是否达标，严把安全工器具的试验质量。

二是严把配置关。在对生产单位配置或添置工器具时，严格按照工器具配置标准以及以旧换新的原则，用多少配置多少或添置多少，从源头上消除安全工器具重复配置、添置的现象。

三是严把试验关。按照安规和公司安全规章制度规定，要对所有安全工器具统一进行试验、进行轮换，以便让合格的安全工器具上岗，严禁工作现场使用不合格的安全工器具，消除安全隐患。

四是严把日常管理关。将安全工器具进行编号，定置存放管理，及时更新台账，严格执行借、用流程，坚决杜绝安全工器具来源、去向不明，生产人员使用混乱、不规范现象。

五是严把教育培训关。利用安全日活动、技术培训之机，加强对一线生产人员进行安全工器具管理、使用和技能的教育培训，确保安全工器具的正确使用和维护。

六是严把维护关。在安全工器具每次使用后，应及时对其进行安全检查，发现缺陷，迅速修理或更换，确保其具有良好的使用性能。

电力安全工器具的准备及穿戴

AR应用程序识别图

AR应用程序下载

❶ 安卓用户需通过网页浏览器扫描左侧二维码下载安装AR应用程序。

❷ 打开AR应用程序，扫描上方识别图开始体验。

注：该应用程序只支持安卓用户下载使用。

项目三

电气防火防爆及灭火装置使用

项目引入

2017年11月18日18时15分，×××市119指挥中心接到报警，×××地点发生火灾，消防部门立即调派14个中队34部消防车赶赴现场开展灭火工作。21时许，明火被扑灭。经全力施救，共营救搜救出被困人员73人，其中19人遇难，8人受伤。受伤人员被迅速送往医院进行救治。当晚21时06分，地下冷库明火被扑灭。起火原因系埋在聚氨酯保温材料内的电气线路故障所致。樊某某等20人因涉嫌重大责任事故罪已被公安分局依法刑事拘留。经调查，樊某某自2002年至2006年，未经相关部门审批先后分三次建成地下一层、地上二层、局部三层楼房，建筑面积共计约20 000平方米，并陆续用于出租、经营。2016年3月，为出租和经营目的，在未经相关部门审批情况下，组织人员在地下一层修建隔断墙，准备建设冷库。2017年2月、3月，分别与相关公司签订制冷设备购销合同和防水保温工程施工合同，开始冷库建设施工。其间，樊某某多次安排李某、王某等人在自建房及地下冷库内铺设接连电线，相关作业人员均无专业资质。

知识储备

为防止电气火灾发生，减少事故损失，各供用电单位应定期组织消防安全教育，学习防火防爆知识和相关消防法律法规，了解本单位、本岗位的火灾危险性、重点防火部位和防火措施，学习有关消防设施的性能与维护。本项目从火灾爆炸基础知识入手，对电气火灾爆炸事故的原因进行分析，继而掌握导致电气火灾爆炸发生的主要原因，然后对防火防爆基本措施进行详细阐述，使得学生能够学会场所防火防爆措施的制定。

为减少电气火灾的事故损失，应定期组织开展消防演练和培训，使人员能够熟练、正确使用灭火装置。要熟悉灭火器的类型、结构及原理，并能正确使用灭火器，进行日常检查及维护。

项目目标

(1) 了解燃烧和爆炸的概念，理解燃烧和爆炸的条件，掌握燃烧和爆炸的类型。

(2) 了解电气火灾爆炸事故的概念，理解和掌握引发电气火灾爆炸事故发生的原因，并能够进行过程分析。

(3) 掌握防火防爆基本措施和电气防火防爆措施。

(4) 了解制定防火防爆措施应考虑的方面，掌握场所防火防爆措施——安全管理措施和安全技术措施两个方面的内容。

(5) 了解灭火器的分类方式，掌握灭火器的结构组成及规格型号和各类灭火器中灭火剂的作用。

(6) 掌握火灾的种类、灭火器的适用范围、灭火原理及方法。

(7) 掌握手提式灭火器的使用方法、推车式灭火器的使用方法，手提式灭火器使用的五字口诀：“提、拔、握、压、扫”，能够正确使用灭火器对突发火灾进行扑救。

(8) 掌握灭火器检查的部位及相关要求、灭火器日常维护标准、灭火器报废的条件，能够根据日常检查情况制定维护保养记录表。

知识链接

任务一　电气火灾爆炸事故基本知识

一、 燃烧相关知识

（一） 燃烧的定义

在国家标准《消防词汇　第一部分：通用术语》（GB 5907.1—2014）中将燃烧定义为：可燃物与氧化剂作用发生的放热反应，通常伴有火焰、发光和（或）发烟的现象。从燃烧的定义，不难得出燃烧必须具有的基本特征：一是放出热量；二是发出光亮；三是发生了化学变化。

（二） 燃烧的条件

1. 着火三角形（无焰燃烧）

有焰燃烧过程的发生和发展都必须具备 3 个必要条件，即可燃物、助燃物（又称氧化剂）和引火源（又称点火源）。这 3 个条件通常被称为燃烧三要素。燃烧的 3 个必要条件可用“燃烧三角形”来表示，如图 3.1.1 所示。

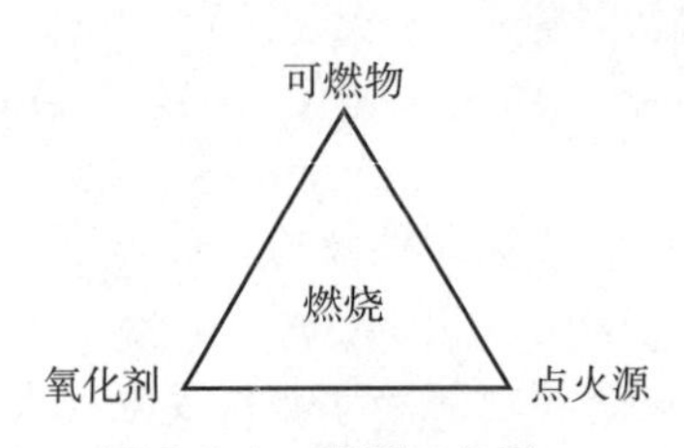

电气火灾和爆炸原因分析与对策措施（微课）（视频文件）

图 3.1.1　燃烧三角形

2. 着火四面体（有焰燃烧）

有焰燃烧过程的发生和发展都必须具备 4 个必要条件，即可燃物、助燃物（又称氧化剂）、引火源和链式反应。上述燃烧的 4 个必要条件可用“燃烧四面体”来表示，如图 3.1.2 所示。

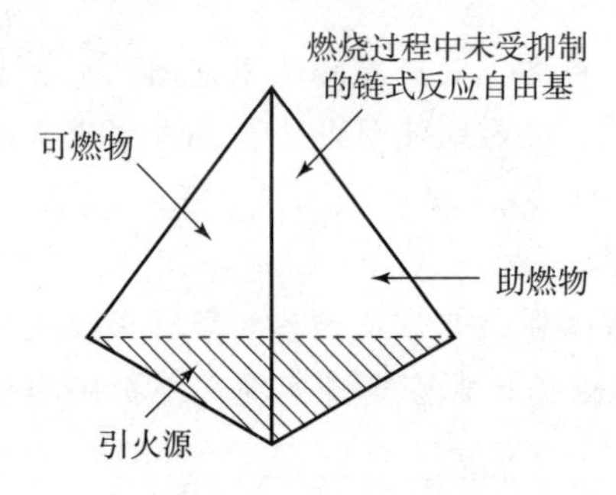

图 3.1.2　燃烧四面体

1）可燃物

可燃物是指凡是能与空气中的氧或其他氧化剂发生燃烧反应的物质。

2）助燃物

助燃物是指与可燃物质相结合能导致燃烧的物质（也称氧化剂），燃烧过程中的助燃物主要是氧。

3）引火源

引火源是指凡是使物质开始燃烧的外部热源。

4）链式反应

链式反应是指某种可燃物受热时，会分解成更为简单的分子。这些分子中一些原子间的共价键常常会发生断裂，生成自由基。由于它是一种高度活泼的化学形态，能有其他的自由基和分子发生反应，从而使燃烧持续下去。

（三）燃烧的类型

1. 闪燃

在一定温度下，易燃或可燃液体（包括能蒸发的少量固体可燃物，如石蜡、樟脑、萘等）表面上产生的蒸气与空气混合后，达到一定浓度时，遇火源产生的一闪即灭的现象。液体发生闪燃的最低温度叫作闪点。物质的闪点，如表 3.1.1 所示。

表 3.1.1　物质的闪点

名称	闪点/℃	名称	闪点/℃	名称	闪点/℃
汽油	-50	甲醇	11.1	苯	-14
煤油	37.8	乙醇	12.78	甲苯	5.5
柴油	60	正丙醇	23.5	乙苯	23.5
原油	-6.7	乙烷	-20	丁苯	30.5

2. 着火

可燃物质在与空气共存的条件下，当达到某一温度时遇火源接触引起的燃烧，并在火源移开后，仍能继续燃烧，这种持续燃烧的现象叫着火。可燃物质开始持续燃烧所需的最低温度，叫作燃点。物质的燃点，如表 3.1.2 所示。

表 3.1.2　物质的燃点

物质名称	燃点/℃	物质名称	燃点/℃	物质名称	燃点/℃
松节油	53	漆布	165	松木	250
纸	130	豆油	220	涤纶纤维	390
樟脑	70	蜡烛	190	有机玻璃	260
赛璐珞	100	麦草	200	醋酸纤维	320

3. 自燃

可燃物质在空气中没有外来着火源的作用，靠自热或外热发生的燃烧现象叫作自燃。本身自燃：由于可燃物质内部自行发热而发生的燃烧现象，如草垛、煤堆的自燃；受热自燃：可燃物质加热到一定温度时发生的自燃现象，如黄磷的自燃现象。物质的自燃点，如表 3.1.3 所示。

表 3.1.3　物质的自燃点

物质名称	自燃点/℃	物质名称	自燃点/℃	物质名称	自燃点/℃
黄磷	34~35	乙醚	170	棉籽油	370
三硫化四磷	100	溶剂油	235	桐油	410
赛璐珞	150~180	煤油	240~290	芝麻油	410
赤磷	200~250	汽油	280	花生油	445

（四）燃烧过程及特点

1. 可燃物的燃烧过程

达到可燃物的点燃温度时→外层部分就会熔解、蒸发或分解并发生燃烧→在燃烧过程中放出热量和光→这些释放出来的热量又加热边缘的下一层，使其达到点燃温度→燃烧过程就不断地持续。

固体和液体发生燃烧时，需经过分解和蒸发，生成气体，然后再由气体与氧化剂作用发生燃烧。而气体物质不需要经过蒸发，可以直接燃烧。

2. 固体的燃烧方式

分解燃烧：分子结构复杂的可燃固体，由于受热分解而产生可燃气体后发生的有焰燃烧现象。

蒸发燃烧：熔点较低的可燃固体受热后融熔，然后与可燃液体一样蒸发产生可燃蒸气而发生的有焰燃烧现象。如蜡烛、沥青等。

表面燃烧：有些固体可燃物的蒸气压非常小或难以发生分解，不能发生蒸发燃烧或分解燃烧，当氧气包围物质的表层时，呈炽热状态发生无火焰燃烧。

阴燃：某些固体可燃物在氧不足，加热温度较低或可燃物含水分较多等条件下发生的无火焰、只冒烟的缓慢燃烧现象。

动力燃烧：燃烧性液体的蒸气、低闪点液雾预先与空气或氧气混合，遇火源产生有冲击力的燃烧。

沸溢燃烧：常发生于油罐火灾中。由于原油具有形成热播的特性，相对密度相差较大，原油中含有乳化水，水遇热播变成蒸汽，但原油黏度较大，使水蒸气不容易从下向上穿过油层，由此产生的燃烧现象。

喷溅燃烧：热播达到水垫层，水被迅速加热到汽化温度，沉积的水变成水蒸气，体积扩大，将上面的油层抬起，最后冲破油层将燃烧着的油滴和油包气抛向空中，向四周喷溅，由此产生的燃烧现象。

扩散燃烧：可燃气体从喷口（管道口或容器泄漏口）喷出，在喷口处与空气中的氧气边扩散混合、边燃烧的现象。

预混燃烧：可燃气体和助燃气体在燃烧之前混合，形成一定浓度的可燃混合气体，被引火源点燃所引起的燃烧。

二、 火灾相关知识

火灾是在时间和空间上失去控制的燃烧所造成的灾害，是一种因为人为的或自然的原因着火并失去控制而造成的生命财产损失等灾难性事件。

1. 火灾的等级

特大重大火灾：造成 30 人以上（以上含本数，以下类同）死亡，或者 100 人以上重伤，或者 1 亿元以上直接财产损失的火灾；

重大火灾：造成 10 人以上 30 人以下死亡，或者 50 人以上 100 人以下重伤，或者 5 000 万元以上 1 亿元以下直接财产损失的火灾；

较大火灾：造成 3 人以上 10 人以下死亡，或者 10 人以上 50 人以下重伤，或者 1 000 万元以上 5 000 万元以下直接财产损失的火灾；

一般火灾：造成 3 人以下死亡，或者 10 人以下重伤，或者 1 000 万元以下直接财产损失的火灾。

2. 火灾致人死亡的原因

火灾致人死亡的因素——烟雾。燃烧产生的烟雾对人体有害，例如在空气中二氧化碳含量达到 8.5% 时，会发生呼吸困难，血压增高；二氧化碳含量达到20% ~30%时，呼吸衰弱，精神不振，严重的可能因窒息而死亡。

烟雾的危害：燃烧产物中的烟气，包括水蒸气，载有大量的热，人们在这高温、湿热环境中极易被烫伤。据统计分析，人在100 ℃环境下就会出现虚脱现象，丧失逃生能力。燃烧产生的大量烟气，使能见度大大降低。人在烟气环境中能正确判断方向、脱离险境的能见度最低为5 m，当人的视野降到3 m以下时，逃离现场就非常困难了。浓烟携带着热气沿走廊蔓延，遇楼梯、电梯、垃圾道、竖井，形成“烟囱效应”，以3 ~4 m/s的速度被迅速向上抽拔，蔓延至楼上各层，会引起新的火点。

3. 火灾的发展变化阶段

火灾的发展过程：通过对火灾的科学研究、试验，我们大致可以从一般意义上把最常见的建筑物室内火灾的发展过程分为初起、发展、最盛、熄灭4个阶段，如图3.1.3所示。

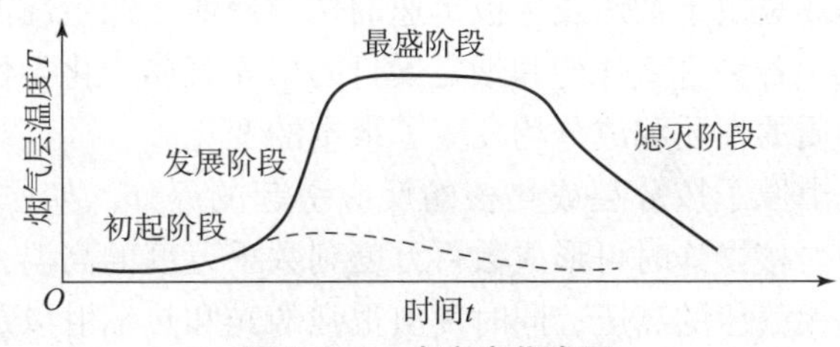

图3.1.3 火灾变化发展

初起阶段：一般固体可燃物质着火燃烧后，在15 min内，燃烧面积不大，火焰不高，辐射热能不强，烟气流动缓慢，燃烧速度不快，此阶段为初起阶段。其特点是面积小、温度低、速度慢、易扑救。火灾的初起阶段，是扑救的最好时机。

最盛阶段：如果火势在发展阶段仍未得到有效的控制，由于燃烧时间的继续延长，燃烧速度不断加快，燃烧面积迅猛扩展，燃烧温度急剧上升，气体对流达到最快速度，辐射热最强，建筑构件的承重能力急剧下降，此时便进入了火灾的猛烈阶段。其特点是燃烧猛烈、蔓延迅速、破坏力大、扑救困难。

熄灭阶段：随着燃烧的进行，可燃物减少，逐步熄灭；或由于通风不良，环境内空气（氧气）被渐渐消耗，已经燃烧的可燃物质处于阴燃状态，室内温度降低（500 ℃以下），此时火灾处于下降或熄灭阶段。

三、 爆炸相关知识

物质由一种状态迅速地转变为另一种状态，并瞬间以机械功的形式放出大量能量的现象，称为爆炸。例如：烟花爆竹的爆炸、锅炉的爆炸、煤矿的瓦斯爆炸、原子弹的爆炸等。

1. 爆炸特征

内部特征：物质发生爆炸时，产生的大量气体和能量在有限体积内突然释放或急骤转化，并在极短时间内，在有限体积中积聚，造成高温高压。

外部特征：爆炸介质在压力作用下，对周围物体形成急剧突跃压力的冲击，或者造成机械性破坏效应，以及周围介质受振动而产生的声响效应。

2. 爆炸阶段

第一阶段：物质的（或系统的）潜在能以一定的方式转化为强烈的压缩能。

第二阶段：压缩急剧膨胀，对外做功，从而引起周围介质的变形、移动和破坏。不管由何种能源引起的爆炸，它们都同时具备两个特征，即能源具有极大的能量密度和极大的能量释放速度。

3. 爆炸的分类

物理性爆炸是由物理变化而引起的，物质因状态或压力发生突变而形成的爆炸现象。锅炉的爆炸，压缩气体、液化气体超压引起的爆炸等，都属于物理性爆炸。物理性爆炸前后物质的性质及化学成分均不改变。

化学性爆炸是由于物质发生极迅速的化学反应，产生高温、高压而引起的爆炸现象。各种含氧炸药和烟花爆竹的爆炸就属于化学性爆炸。化学性爆炸前后物质的性质和成分均发生了根本的变化。

核爆炸是由原子核分裂或热核的反应引起的爆炸。如原子弹、氢弹、中子弹的爆炸。核爆炸时可形成数百万度到数千万度的高温，在爆炸中心可形成数百万大气压的高压，同时发出很强的光和热辐射以及各种粒子的贯穿辐射。

4. 爆炸极限

可燃气体、可燃液体蒸气或可燃粉尘与空气混合并达到一定浓度时，遇火源就会燃烧或爆炸。这个遇火源能够发生燃烧或爆炸的浓度范围，称为爆炸极限。爆炸极限通常用可燃气体在空气中的体积百分比表示。初始温度升高，爆炸极限范围变宽；初始压力增大，爆炸极限范围变宽；惰性气体增加，爆炸极限范围缩小。含氧量越高，爆炸极限越宽；容器管道减小，爆炸极限范围变小；火源能量越高，爆炸极限范围越宽。

5. 爆炸的破坏作用

火灾发生后，随着时间的延续，损失数量迅速增长，损失大约与时间的平方成比例，如火灾时间延长一倍，损失可能增加四倍。爆炸则是猝不及防的，可能仅在一秒钟内爆炸过程已经结束，设备损坏、厂房倒塌、人员伤亡等巨大损失也将在瞬间发生。爆炸通常伴随发热、发光、发声、压力上升、真空和电离等现象，具有很大的破坏作用。其破坏作用的大小与爆炸物的数量和性质、爆炸时的条件以及爆炸位置等因素有关。破片容器发生粉碎性的爆炸时，碎片冲击将造成大面积的伤亡。二次破坏会引起房屋倒塌、火灾、有害物质泄漏引起的中毒和环境污染等进一步伤害。冲击波是爆炸瞬间形成的高温火球猛烈向外膨胀、压缩周围空气形成的高压气浪。它以超音速向四周传播，随距离的增加，传播速度逐渐减慢，压力逐渐减小，最后变成声波；爆炸使物体产生震荡，造成建筑物松散、开裂。爆炸的损坏情况如表 3. 1. 4 所示。

表 3.1.4　爆炸的损坏情况

项目	0～50 m	50～100 m	100～200 m	200～300 m
混凝土建筑物	100%损坏	明显裂缝，10%墙灰损坏	轻度损坏，较小裂缝	轻度破坏
砖建筑物	100%损坏	严重裂纹，25%墙灰损坏	严重损坏，15%墙灰损坏	轻微裂缝，5%墙灰损坏
木建筑物	100%损坏	100%损坏	30%损坏	15%损坏
带有板衬和钢框架的建筑物	100%损坏	100%损坏	板衬80%、框架40%损坏	板衬50%、框架5%损坏
玻璃	100%损坏	100%损坏	100%损坏	75%损坏

任务二　电气火灾爆炸事故的原因分析

一、电火花与电弧

电弧放电原理是指两个电极在一定电压下由气态带电粒子，如电子或离子，维持导电的现象。电弧放电主要发射原子谱线，是发射光谱分析常用的激发光源。通常分为直流电弧放电和交流电弧放电两种。电弧放电（Arc Discharge）是气体放电中最强烈的一种自持放电。当电源提供较大功率的电能时，极间电压不需要太高（几十伏），两极间气体或金属蒸气中可持续通过较强的电流（几安至几十安），并发出强烈的光辉，产生高温（几千至上万度），这就是电弧放电。电火花和电弧引起电气火灾的主要原因有：绝缘导线漏电处、导线断裂处、短路点、接地点及导线连接松动均会有电火花、电弧产生；各种开关在接通或切断电路时，动、静触头（电压不小于10～20 V）在即将接触或者即将分开时就会在间隙内产生放电现象。如果电流小，就会发生火花放电；如果电流大于80～100 mA，就会发生弧光放电，也就是电弧；架空的裸导线混线、相碰或在风雨中短路时，就会发生放电而产生电火花、电弧；大负荷导线连接处松动，在松动处会产生电弧和电火花。这些电火花、电弧如果落在可燃、易燃物上，就可能引起火灾。

隔离开关分闸时的巨大电弧（视频文件）

2 kV的高压电弧（视频文件）

二、 短路

电气线路上，由于种种原因相接或相碰，电流不经过线路中的用电设备而直接构成回路的现象称为短路。在短路电流忽然增大时，其瞬间放热量很大，大大超过线路正常工作时的发热量，不仅能使绝缘烧毁，而且能使金属熔化，引起可燃物燃烧发生火灾。短路引起电气火灾的主要原因有：没有按具体环境选用绝缘导线、电缆，使导线的绝缘受高温、潮湿、腐蚀等作用的影响而失去绝缘能力；线路年久失修，绝缘层陈旧老化或受损，使线芯裸露；电线过电压使导线绝缘被击穿；用金属线捆扎绝缘导线或把绝缘导线挂在钉子上，日久磨损和生锈腐蚀，使绝缘受到破坏；裸导线安装太低，搬运金属物件时不慎碰撞电线，金属物件搭落或小动物跨接；架空线路电线间距太小，挡距过大，电线松弛，有可能发生两线碰撞；管理不当，维护不善造成短路。

三、 过负荷

一定材料和一定大小横截面积的电线有一定的安全载流量。如果通过电线的电流超过它的安全载流量，电线就会发热。超过得越多，发热量越大。当热量使电线温度超过 250 ℃时，电线橡胶或塑料绝缘层就会着火燃烧。如果电线“外套”损坏，还会造成短路，火灾的危险性更大。另外，如果选用了不合规格的保险丝，电路的超负载不能及时发现，隐患就会变成现实。过负荷引起电气火灾的主要原因有：导线截面选用过小；在线路中接入过多的负载；用电设备功率过大。

四、 接触电阻过热

由于电线接头不良，可能会造成线路接触电阻过大而发热起火。凡电路都有接头，或是电线之间相接，或是电线与开关、保险器或用电器具相接。如果这些接头接得不好，就会阻碍电流在导线中的流动，而且产生大量的热。当这些热足以熔化电线的绝缘层时，绝缘层便会起火，而引燃附近的可燃物。接触电阻过热引起电气火灾的主要原因有：导线与导线或导线与电气设备的接触点连接不牢，连接点由于热作用或长期振动造成接触点松动；铜铝导线相连，接头没有处理好；在连接点中有杂质如氧化层、油脂、泥土等。

五、 电气照明灯具

电气照明灯具有许多优点，应用非常广泛，给我们的生产和生活带来了很大的方便，但同时电气照明灯具在工作时也有火灾危险性，使用不当会发生火灾事故，甚至造成群死群伤事件。电气照明灯具引起电气火灾的主要原因有：照明灯具工作时，灯泡、灯管、灯座等温度较高，能引燃附近可燃物质造成火灾；照明灯具的灯管破碎产生电火花引燃周围可燃物质，形成火灾；照明线路短路、过负荷、接触电阻过大等产生火花、电弧或过热，引起火灾。

六、 其他原因

1. 铁芯发热

变压器和电动机等设备的绝缘损坏或长时间过电压，涡流损耗和磁滞损耗增加都会引起变压器和电动机的铁芯发热，从而易出现过热现象。

2. 散热不良

各种电气设备在设计和安装时都考虑有一定的散热和通风措施，如果这些措施受到破坏，容易造成设备过热。电机电器在工作时都考虑了一定的空气对流，以达到散热目的，如电机的风扇、电器的散热孔、晶体管的散热片，一旦这些作用被破坏，则容易造成温升过高。

3. 漏电

漏电电流一般不大，所以线路保险丝不会运作。如漏电电流沿线路大致均匀分布，则发热量分散，火灾危险性不大；如漏电电流集中在某一点，则容易造成火灾。漏电电流经常会经过金属螺丝或钉子引起木制构件起火。

4. 忽视消防安全，安全意识淡薄

许多生产单位或娱乐场所的单位领导往往存在侥幸心理，不愿投资光花钱不见效的消防安全，不按规定安装自动报警、自动喷淋消防设施，甚至根本没有配备消防器材，且消防道路不畅，防火问题达不到要求，消防组织制度也不健全，对消防部门检查中发现的问题，不重视也不整改，而是通过疏通关系达到开业目的。

任务三　防火防爆基本措施

根据物质燃烧的基本条件，为了有效地防止火灾爆炸事故的发生，必须针对物质的火灾危险特性，采取相应的防范措施，控制燃烧条件的形成和相互作用，达到预防火灾的目的。同时还要控制燃烧蔓延途径，避免更大范围的火灾爆炸事故的发生。控制燃烧三要素之一是防止火灾事故发生的基本措施，而以防为主，从根本上消除或抑制可能引起火灾的危险因素，是防火的基本要求。

一、 控制可燃物措施

（一） 根据物质的危险性采取措施

易燃、易爆物品的品种繁多，性能复杂，根据其在生产过程中的火灾危险性采取相应的预防措施是非常必要的。

（1）对本身具有自燃能力的物质，遇空气能自燃的物质，遇水能燃烧爆炸的物质，应采取隔绝空气、防水、防潮、加强通风、散热降温等措施，以防止其自燃或爆炸。

(2) 贮放火灾危险物料的厂房、库房及场所内禁止存放浸过油的抹布等易燃品，生产车间内不得积存浸过油的金属屑，设备内严禁积存硫化亚铁等自燃性物质，消除后应深埋入安全地点或废弃。

(3) 对机械作用比较敏感的物质要轻拿轻放，防止摩擦撞击等。易产生静电的物质，采取必要的防静电以及静电消除措施。

（二） 用难燃或不燃的物质代替可燃物质

在条件允许的情况下，改进生产工艺，用不燃或难燃的物质代替可燃材料，可以减少燃烧体系的形成，显著改善操作的安全性。

(1) 选用燃点或自燃点较高的不燃材料，选用燃点或自燃点较高的可燃材料或难燃材料代替易燃材料，从而减少火灾危险性。例如在一些场所采用防火布、阻燃布、隔离电火花和切割火花起到阻燃防火作用。

(2) 用防火涂料刷木材、纸张、纤维板金属构件、混凝土构件等可燃材料或不燃材料，可以提高这些材料的燃点、自燃点或耐火极限。

（三） 通风措施

对于某些无法密闭的装置和易散发可燃气体、蒸气和粉尘与空气形成爆炸性混合物的场所，设置良好的通风除尘装置，采取有效的通风措施，可降低空气中可燃物的含量。通风可分为自然通风和机械通风两类，其中机械通风又分为排风和送风两种。

(1) 大量处理可燃气体和液体的设备和装置，应尽量采取露天布置或安装在半敞开的建筑物内。如果采取室内布置，应尽可能将门、窗敞开，保证良好的通风换气条件。

(2) 合理选择通风方式。一般宜采用自然通风，但自然通风不能满足要求时应采取机械通风。如处理可燃气体或液体的通风不良场所、在敞开状态下处理可燃粉尘的场所，都应设置送风和排风的强制通风机械装置。

(3) 空气中含有易燃易爆危险物质的厂房，应采用不产生火花的通风机和调节设备。

(4) 排风管道应直接通往室外安全处。通风管道不宜穿过防火墙或非燃烧体的楼板等防火分隔物，以免发生火灾时，火势顺管道通过防火分隔物。

二、 控制助燃物措施

控制助燃物，就是使可燃气体、液体、固体不与空气、氧气或其他氧化剂接触，或者将它们隔离开来，这样即使有点火源作用，也因为没有助燃物而不会发生燃烧。

（一） 密闭措施

可燃气体和蒸气具有扩散性，可燃液体具有流动性，可燃粉尘在空气中也易扩散和漂浮。如果使用、生产、输送和储存这些可燃物的设备、容器和管道密封不好，就会使可燃物外逸，形成跑、冒、滴、漏现象，以致在空气中形成燃爆混合物。把可燃性气体、液体或固体物料放在密闭设备或容器中储存或操作，可以避免它们与外界空气接触形成燃爆体系。特别是压力设备更要保证有良好的密闭性，对于正压装置要防止物料泄漏，负压装置要防止倒吸入空气。泄漏的发生，一般多在设备、管道、管件的连接处。

（1）正确选择连接方法。由于焊接连接在强度和密封性能上效果比较好，所以设备与管道的连接应尽量采用焊接方法，对危险设备系统尽量少用法兰连接；输送燃爆危险性大的气体、液体管道，最好使用无缝钢管。

（2）正确选择密封垫圈。密封垫圈的选择应根据工艺温度、压力和介质的性质选用。一般工艺可采用石棉橡胶垫圈；在高温、高压或强腐蚀性介质中的工艺，宜采用聚四氟乙烯等耐腐蚀性塑料或金属垫圈。

（3）注意检漏、试漏和维修。设备系统投产使用前或大修后开车前，应结合水压试验用压缩空气或氮气做气密性试验，发现渗漏时及时修补。在使用当中的检漏方法可采用肥皂水喷涂在焊缝、法兰连接处，如发现气泡即为渗漏。

（二） 惰性介质保护

在存有易燃易爆物料的系统、场所加入惰性介质保护，是防止形成燃爆混合物的重要措施。惰性气体是指那些化学活泼性差、没有燃爆危险性的气体，它们可以冲淡可燃气体及氧气的浓度，缩小甚至消除可燃物与助燃物形成燃爆浓度的可能性，从而降低燃烧爆炸的危险性。

（三） 隔绝空气储存

遇空气或受潮、受热极易自燃的物品，可以隔绝空气进行安全储存。

三、 控制点火源措施

点火源是物质燃烧的三要素之一，是物质燃烧的必备条件。在多数场合，可燃物质和助燃物的存在是不可避免的，因此，消除或控制点火源就成为防止燃烧三要素同时存在的关键，在生产过程中能够引起火灾爆炸事故的点火源主要有化学点火源、高温点火源、电气点火源以及冲击点火源等类型。

（一） 化学点火源的控制

化学点火源是基于化学反应放热而构成的一种点火源，主要有明火和自燃发热两种形式。

1. 明火

明火是指敞开的火焰、火花、火星等，是引起燃烧反应的裸露之火，具有很大的激发能量和高温，如吸烟用火、加热用火、检修用火等。生产中消除或控制明火的技术措施主要有以下几点。

（1）尽量避免采用明火加热易燃易爆物质，而采用水、蒸汽或者其他载体加热。

（2）采用明火加热的设备，应与火灾爆炸危险的生产装置、储罐区等分开设置或隔离隔开，并按防火规定留出防火间距。

（3）使用气焊、电焊、喷灯进行安装和维修时，必须按危险等级办理动火批准手续，领取动火证，并消除物体和环境的危险状态，备好灭火器材，在采取防护措施，确保安全无误后，方可动火作业。

（4）严格管理厂区内可能存在的明火源。

（5）强化管理职能，健全各种明火的使用、管理和责任制度，认真实施检查和监督。

2. 自燃发热

在一定条件下，由于某些物质自动发热与积热现象而使可燃物温度升高，当温度超过其自燃点时，就会自行燃烧。这既可成为这些物质自身的直接点火源，也可成为引燃其他可燃物的间接点火源。

（二）高温点火源的控制

高温物体在一定环境中能够向可燃物体传递热量并导致可燃物着火，所以，设备的高温表面和高温物体发出的热辐射都是引起火灾事故的高温点火源。

（三）电气点火源的控制

1. 电火花

电火花是电极间击穿放电所产生的，电弧是由大量的电火花汇集而成的。一般电火花的温度都很高，特别是电弧，温度可达3 000～6 000 ℃。电火花和电弧不仅能引起绝缘材料燃烧，而且可以引起金属熔化飞溅，构成危险的点火源。

电火花控制方法：电气设备的电压、电流、温升等参数不能超过允许值，保持电气设备和线路绝缘能力及良好的连接等；电气设备和电线的绝缘，不得受到生产过程中产生的蒸汽及气体的腐蚀，电线绝缘材料要具有防腐蚀的性能；固定接头时，特别是铜、铝接头要接触紧密，保持良好的导电性能。在具有爆炸危险的场所，可拆卸的连接应有防松动措施，铝导线间的连接应采用压接、熔焊、钎焊，不得简单地采用缠绕接线。电气设备应保持清洁，因为灰尘堆积和其他脏污既可降低电气设备的绝缘，又妨碍通风和冷却，还能由此引起着火。

2. 静电火花

静电是一种常见的带电现象，在一定条件下，很多运动的物体与其他物体分离的过程中（如摩擦），就会带上静电。固体、液体和气体多会带上静电。如在干燥的季节人体就很容易带上很高的静电而遭受静电电击。

其电压高达几千伏，甚至上万伏（电流小）。静电放电会产生火花。

静电火花控制方法：

（1）流速控制。流体在管道中的流速必须加以控制。易燃液体在管道中的流速不宜超过 4 ~ 5 m/s，可燃气体在管道中的流速不宜超过 6 ~ 8 m/s。灌注液体时，应防止产生液体飞溅和剧烈的搅拌现象。向储罐输送液体的导管，应放在液面之下或者将液体沿容器的内壁慢慢流下，以免产生静电。易燃液体灌装结束时，不能立即进行取样等操作，因为液面上的静电荷不会很快消失。

（2）保持良好的接地。下列生产设备应有可靠的接地装置：输送可燃气体和易燃液体的管道及各种阀门、灌油设备和油槽车（包括灌油桥台、铁轨、油桶、加油用鹤管和漏斗等）；通风管道上的金属网过滤器；生产或加工易燃液体和可燃气体的设备储罐；输送可燃粉尘的管道和生产粉尘的设备以及其他能产生静电的生产设备。为消除部件的电位差，可采用等电位措施。例如在管道法兰之间加装跨接导线，既可以消除两者之间的电位差，又可造成良好的电气通路，防止静电火花放电。

（3）人体静电防护。特别注意防止其他人过分接近正在操作有爆炸危险品的工作人员；生产工作人员必须穿防静电工作服，为了导除人身上积累的静电，最好穿布底鞋或导电橡胶底胶鞋。工作地点宜采用水泥地面。在具有爆炸危险的厂房内，一般不允许用平皮带传动，可采用三角皮带传动。最好的办法是安装单独的防爆式电动机，采用皮带传送时，为防止产生静电，可每隔 3 ~ 5 天在皮带上涂抹一次防静电的涂料。此外，应防止皮带下垂，皮带与金属物的距离不得小于 20 ~ 30 cm。另外，在相对湿度为 65% ~ 70% 以上时，能防止静电的积累。对于不会因空气湿度而影响产品质量的生产，可用喷水或水蒸气的方法增加空气湿度。

四、 控制工艺参数技术

工艺参数主要是指生产过程中的操作温度、压力、物料流量、原材料配比等。工艺参数失控，常常是造成火灾爆炸事故的根源之一，严格控制工艺参数，使之处于安全限度之内是防火的根本措施之一。

五、 电气防火防爆措施

（一） 防短路措施

电气线路上，由于种种原因相接或相碰，电流不经过线路中的用电设备而直接构成回路的现象称为短路。发生短路时，线路中的电流增加为正常时的几倍甚至几十倍，而产生的热量又与电流的平方成正比，使得线路或用电设备温度急剧上升，大大超过允许范围。如果温度达到可燃物的引燃温度，即可引起燃烧，从而导致火灾。应该采取的措施包括：

（1）要严格按照电力规程进行安装、维修，根据具体环境选用合适导线和电缆。

（2）强化维修管理，尽量减少人为因素，经常用仪表测量电线的绝缘强度，遇有绝缘层陈旧、破损要及时更换。

（3）选用合适的安全保护装置。

（4）线路安装时要与建、构筑物之间保持适当的水平距离；电杆要夯实，转角杆要加拉线；挡距、垂度、相间距离应符合安装标准。

（二）防过负荷措施

（1）要合理选用导线截面，并考虑负荷的发展规划。

（2）随时检查线路的负荷情况，若发现有过负荷现象，应及时更换大截面的导线，或适当减少线路中的负荷。

（3）安装适当的保险装置。

（三）防接触电阻过热措施

（1）导线与导线或导线与电气设备的连接点应牢固可靠；对于重要的母线与干线的连接点，接好后要测量其接触电阻情况。

（2）对运行中的设备连接点，应经常检查，发现松动或发热情况时应及时处理。

（3）铜铝导线相接时，应采用并头套方式连接，最好能用银焊焊接。

（4）在易造成接触电阻过大的地方，应涂以变色漆或安放试温蜡片，这样能及时发现接触点的过热情况。

（四）防电火花和电弧措施

（1）保持电气设备的电压、电流、温度等参数不超过允许值。

（2）严禁乱拉线、乱接线，保持线路的绝缘良好，保持电气连接部位接触良好。

（3）开关、插销、熔断器、电焊设备、电动机等应根据需要，适当避开易燃物或易燃建筑构件。

（4）在有爆炸危险的场所，应采取各种防爆措施。

（5）电气设备应进行可靠接地。

（6）保持电气设备清洁。

（7）采取相应的防静电措施。

（五）电气照明灯具的防火防爆措施

（1）照明灯具和线路应根据环境条件、用途和光强分布等具体要求进行选择，在不同的场所选择相应的灯具。

（2）加强照明灯具的维修和保养，防止火灾发生。

（3）保持照明灯具与可燃物的距离。

（六）消防监督

公安、消防监督部门要严格按照电气安全规程等国家有关法规规定，依法加大监督力度，对在安全检查中发现的电气设计不合理、安装不合格、线路严重老化、电气设施不配套，乱拉乱接、超负荷运行的电气设备等问题，必须要求其认真进行整改；对不符合消防管理法规，存在重大火险隐患的单位，该停业的停业、该整顿的整顿，对不能限期整改的单位或个人要依法进行严肃处理。

任务四　场所防火防爆措施制定

一、 采取措施的优先顺序

（一） 制定防火防爆措施应考虑的方面

1. 预防性措施

这是最基本、最重要的措施。我们可以把预防性措施分为两大类：消除导致火灾爆炸危险的物质条件（即可燃物与氧化剂的结合）及消除导致火灾爆炸危险的能量条件（即点火或引爆能源），从而从根本上杜绝发火（引爆）的可能性。

2. 限制性措施

限制性措施即一旦发生火灾爆炸事故，限制其蔓延扩大及减少其损失的措施。如安装阻火、泄压设备，设防火墙、防爆墙等。

3. 消防措施

配备必要的消防措施，在万一不慎起火时，及时扑灭火焰。特别是如果能在着火初期将火扑灭，就可以避免发生火灾或引起爆炸。从广义上讲，这也是防火防爆措施的一部分。

4. 疏散性措施

疏散性措施即预先采取必要的措施，如在建筑物、飞机、车辆上设置安全门、疏散楼梯或疏散通道等。一旦发生较大火灾时，能迅速将人员或重要物资撤到安全区，以减少损失。

（二） 安全技术措施和安全管理措施

1. 安全技术措施的种类及其优先次序

可按下面的优先次序选择：①根除危险因素；②限制或减少危险因素；③隔离、屏蔽或联锁；④故障安全措施；⑤减少故障危险因素；⑥安全规程；⑦校正行动。

选取避免或减少事故损失的安全技术措施的优先次序为：①隔离和屏蔽；②个体防护；③接受少的损失；④避难和救生设备；⑤援救。

2. 安全管理措施

安全管理措施主要包括组织机构、管理制度、操作规程、安全教育与培训、6S 管理等。

二、 一般环境下防火防爆措施制定

（一） 电气线路

（1）严格按照相关标准选用合适导线和电缆。
（2）强化维修管理，遇有绝缘层陈旧、破损时应及时更换。
（3）选用合适的安全保护装置。

（二） 消防措施

（1）配齐硬件设施，如灭火器、消防栓等。
（2）禁止吸烟，使用备用电子光源，不使用蜡烛等明火。
（3）设置消防通道，遇到火灾，能及时地转移人员和图书。

（三） 监督检查

2013 年 7 月 18 日，中央政治局第 28 次常委会议，习近平总书记做了关于安全生产工作的重要讲话。第一，要强化各级党委和政府的安全监管职责；第二，要强化中央企业的安全生产责任；第三，要严格事故调查，严肃责任追究；第四，要抓好安全生产大检查。监督检查是预防火灾爆炸事故的有力措施，通过监督检查可发现安全管理中存在的隐患，以及在生产作业场所存在的火灾爆炸隐患，然后根据具体情况，制定有效可行的措施，主要包括：做好安全监管、安排专人值守、安装监控；张挂防火宣传标识，如安全防火知识、警示标志、应急疏散地图等宣传材料。

三、 易燃易爆环境下防火防爆措施制定

（一） 易燃易爆场所的位置选择

易燃易爆场所应远离生活、办公区，与其他生产场所有足够的安全距离，朝向有利于爆炸危险气体的散发，并留有足够的泄压面积和必要的安全通道，设备、设施的安全距离应符合国家有关规定，生产场所的易燃、易爆品必须限量，不得作为库房存放易燃、易爆品。

（二） 易燃易爆场所的防爆

易燃易爆场所使用的设备设施和电气线路必须符合防火防爆要求。危险性较大的油库、汽油清洗间、喷漆间等所使用的电气设施必须是防爆型，并保持设备设施（包括安全防护设施）完好，做到定期校验、维护保养和检修，而且室内必须有良好的通风。

（三） 易燃易爆场所的防雷和防静电

易燃易爆场所必须设置相应可靠的避雷设施，有静电聚集危险的生产装置应采用控制流速、导除静电接地等措施。易燃易爆场所应设置明显的

安全标志牌和注意事项的标志牌。

（四）易燃易爆场所的安全管理

1. 实行防火责任制

易燃易爆单位各级行政正职负第一位和全面的责任，易燃易爆班组长和操作人员负直接的责任。

2. 严格管理，严禁遵章操作

（1）易燃易爆场所的管理人员、操作人员和维修人员，必须经培训考核合格后才能上岗；操作人员必须严格遵守有关操作规程；做到分类存放，且有明显的货物标志；堆垛之间有足够的垛距、墙距、顶距和安全通道。

（2）在存放易燃易爆的场所，如油库、汽油清洗间以及现场存放易燃易爆品的地点，不得从事焊接等明火作业。

（3）进入易燃易爆场所的车辆应采取有效的防火防爆措施；使用的工具、防护用品应符合防爆要求；存放易燃易爆品的房间不得设置办公室。

（4）公司定期对防爆电气设备、避雷针、静电导除设施进行检查，按规定校验，以保持完好状态。

任务五　灭火器类型及原理

一、灭火的基本方法

（一）隔离灭火法

隔离灭火法，就是将燃烧物体与附近的可燃物质隔离或疏散开，使燃烧停止。这种方法适用于扑救各种固体、液体和气体火灾。采取隔离灭火法的具体措施有：将火源附近的可燃、易燃、易爆物质和助燃物质，从燃烧区内转移到安全地点；关闭阀门，阻止气体、液体流入燃烧区；排除生产装置、设备容器内的可燃气体或液体；设法阻拦流散的易燃、可燃液体或扩散的可燃气体；拆除与火源相毗连的易燃建筑结构，制造防止火势蔓延的空间地带；用水流封闭或用爆炸等方法扑救油气井喷火灾；采用泥土、黄沙筑堤等方法，阻止流淌的可燃液体流向燃烧点。

（二）窒息灭火法

窒息灭火法，就是阻止空气流入燃烧区，或用不燃物质冲淡空气，使燃烧物质断绝氧气的助燃而熄灭。这种灭火方法适用于扑救一些封闭式的空间和生产设备装置的火灾。在火场上运用窒息灭火法扑灭火灾时，可采用石棉布、浸湿的棉被、湿帆布等不燃或难燃材料，覆盖燃烧物或封闭孔洞；用水蒸气、惰性气体（如二氧化碳、氮气等）充入燃烧区域内；利用建筑物上原有的门、窗以及生产设备上的部件，封闭燃烧区，阻止新鲜空气进入。此外在无法采取其他扑救方法而条件又允许的情况下，可采用水或泡沫淹没（灌注）的方法进行扑救。

采取窒息灭火法扑救火灾，必须注意以下几个问题。

（1）燃烧的部位较小，容易堵塞封闭，在燃烧区域内没有氧化剂时，才能采用这种方法。

（2）采取用水淹没（灌注）方法灭火时，必须考虑到火场物质被水浸泡后能否产生不良后果。

（3）采取窒息方法灭火后，必须在确认火已熄灭时，方可打开孔洞进行检查。严防因过早地打开封闭的房间或生产装置的设备孔洞等，而使新鲜空气流入，造成复燃或爆炸。

（4）采取惰性气体灭火时，一定要将大量的惰性气体充入燃烧区，以迅速降低空气中氧的含量，窒息灭火。

（三）冷却灭火法

冷却灭火法，就是将灭火剂直接喷洒在燃烧着的物体上，将可燃物的温度降低到燃点以下，从而使燃烧终止。这是扑救火灾最常用的方法。冷却的方法主要是采取喷水或喷射二氧化碳等其他灭火剂，将燃烧物的温度降到燃点以下。灭火剂在灭火过程中不参与燃烧过程中的化学反应，属于物理灭火法。在火场上，除用冷却灭火法直接扑灭火灾外，在必要的情况下，可用水冷却尚未燃烧的物质，防止达到燃点而起火。还可用水冷却建筑构件、生产装置或容器设备等，以防止它们因受热而产生结构变形，扩大灾害损失。

（四）化学抑制灭火法

化学抑制灭火法，是将化学灭火剂喷入燃烧区使之参与燃烧的化学反应，从而使燃烧反应停止。采用这种方法可使用的灭火剂有干粉和卤代烷灭火剂及替代产品。灭火时，一定要将足够数量的灭火剂准确地喷在燃烧区内，使灭火剂参与和阻断燃烧反应。否则将起不到抑制燃烧反应的作用，达不到灭火的目的。同时还要采取必要的冷却降温措施，以防止复燃。

二、灭火器的类型及原理

（一）根据操作使用方法分类

根据操作使用方法不同分为手提式灭火器和推车式灭火器。

手提式灭火器是指能在其内部压力作用下，将所装的灭火剂喷出以扑救火灾，并可手提移动的灭火器具。手提式灭火器的总重量一般不大于 20 kg，其中二氧化碳灭火器的总重量不大于 28 kg。手提式灭火器如图 3.5.1 所示。

灭火器家族的职能分工与使用方法（微课）(视频文件）

图 3.5.1　手提式灭火器

推车式灭火器是指装有轮子的可由一人推（或拉）至火场，并能在其内部压力作用下，将所装的灭火剂喷出以扑救火灾的灭火器具。推车式灭火器的总重量大于 40 kg。推车式灭火器如图 3.5.2 所示。

图 3.5.2　推车式灭火器

（二） 根据驱动灭火器的压力形式分类

根据驱动灭火器的压力形式分类，可分为储气瓶式灭火器和储压式灭火器。

储气瓶式灭火器：灭火器筒体的灭火剂与驱动气体是分别存放的，灭火时，储气的瓶（有外置式和内置式两种）放出压力气体，冲入灭火剂存放处，带出灭火剂。

储压式灭火器：灭火剂与驱动压缩气体在同一容器内。事实上，目前均采用储压式灭火器，因为储气瓶式灭火器危险性大，易发生爆炸。

（三） 根据所充装的灭火剂分类

由于所充装的灭火剂有干粉、泡沫、二氧化碳、卤代烷、清水等，因此可分为干粉灭火器、泡沫灭火器、二氧化碳灭火器、卤代烷灭火器、清水灭火器等。

1. 干粉灭火器

原理：干粉灭火器内充装的是干粉灭火剂。干粉灭火剂是用于灭火的干燥且易于流动的微细粉末，由具有灭火效能的无机盐和少量的添加剂经干燥、粉碎、混合而成的微细固体粉末组成。利用压缩的二氧化碳吹出干粉（主要含有碳酸氢钠）来灭火。

结构：干粉灭火器是利用二氧化碳气体或氮气气体作动力，将瓶内的干粉喷出灭火的。干粉是一种干燥的、易于流动的微细固体粉末，由能灭火的基料和防潮剂、流动促进剂、结块防止剂等添加剂组成。

2. 泡沫灭火器

原理：泡沫灭火器内有两个容器，分别盛放两种液体，它们是硫酸铝和碳酸氢钠溶液，两种溶液互不接触，不发生任何化学反应。平时千万不能碰倒泡沫灭火器。当需要泡沫灭火器时，把灭火器倒立，两种溶液混合在一起，就会产生大量的二氧化碳气体。

除了两种反应物外，该灭火器中还加入了一些发泡剂。打开开关，泡沫会从灭火器中喷出，覆盖在燃烧物品上，使燃着的物质与空气隔离，并降低温度，达到灭火的目的。

结构：酸碱灭火器由筒体、筒盖、硫酸瓶胆、喷嘴等组成。筒体内装有碳酸氢钠水溶液，硫酸瓶胆内装有浓硫酸。

瓶胆口有铅塞，用来封住瓶口，以防瓶胆内的浓硫酸吸水稀释或同瓶胆外的药液混合。酸碱灭火器的作用原理是利用两种药剂混合后发生化学反应，产生压力使药剂喷出，从而扑灭火灾。

3. 二氧化碳灭火器

原理：灭火器瓶体内储存液态二氧化碳，工作时，当压下瓶阀的压把时，内部的二氧化碳灭火剂便由虹吸管经过瓶阀到喷筒喷出，使燃烧区氧的浓度迅速下降。当二氧化碳达到足够浓度时火焰会窒息而熄灭，同时由于液态二氧化碳会迅速汽化，在很短的时间内吸收大量的热量，因此对燃烧物起到一定的冷却作用，也有助于灭火。

推车式二氧化碳灭火器主要由瓶体、器头总成、喷管总成、车架总成等几部分组成，内装的灭火剂为液态二氧化碳灭火剂。

结构：二氧化碳灭火器筒体采用优质合金钢经特殊工艺加工而成，重量比碳钢减少了40%。具有操作方便、安全可靠、易于保存、轻便美观等特点。

4. 卤代烷灭火器

卤代烷灭火器是充装卤代烷灭火剂的灭火器。该类灭火剂品种较多，而我国只发展两种，一种是二氟一氯一溴甲烷和三氟一溴甲烷，简称1211灭火器、1301灭火器。卤代烷灭火剂的灭火机理是卤代烷接触高温表面或火焰时，分解产生的活性自由基，通过溴和氟等卤素氢化物的负化学催化作用和化学净化作用，大量捕捉、消耗燃烧链式反应中产生的自由基，破坏和抑制燃烧的链式反应，而迅速将火焰扑灭；卤代烷灭火器是靠化学抑制作用灭火的，另外，还有部分稀释氧和冷却作用。卤代烷灭火剂的主要缺点是会破坏臭氧层。

5. 清水灭火器

清水灭火器中充装的是清洁的水，为了提高灭火性能，可在清水中加入适量添加剂，如抗冻剂、润湿剂、增黏剂等。国产的清水灭火器采用储气瓶加压方式，加压气体为液体二氧化碳。清水灭火器只有手提式的，没有推车式的。

任务六　灭火器的性能指标及适用范围

一、　火灾分类

按照国家标准《火灾分类》（GB/T 4968—2008）的规定，火灾分为A、B、C、D、E、F六类。

A类火灾：固体物质火灾。例如，木材、棉、毛、麻、纸张等火灾。

B类火灾：液体或可熔化固体物质火灾。例如，煤油、原油、乙醇、沥青、石蜡等火灾。

C类火灾：气体火灾。例如，煤气、天然气、甲烷、乙烷、氢气、乙炔等火灾。

D类火灾：金属火灾。例如，钾、钠、镁、钛、锆、锂等火灾。

E类火灾：带电火灾。物体带电燃烧的火灾。例如，变压器等设备的电气火灾等。

F类火灾：烹饪器具内的烹饪物（如动物油脂或植物油脂）火灾。

二、　灭火器的性能指标

（一）喷射性能

喷射性能是指对灭火器喷射灭火剂的技术要求，其参数包括有效喷射时间、喷射滞后时间、喷射距离和喷射剩余率。

1. 有效喷射时间

有效喷射时间是指灭火器在保持最大开启状态下，自灭火剂从喷嘴喷出至喷射结束的时间。但不包括驱动气体喷射结束时间。

2. 喷射滞后时间

喷射滞后时间是指自灭火器阀门开启或达到相应的开启状态时至灭火剂从喷嘴喷出的时间。在20 ℃ ±5 ℃时，手提式灭火器的喷射滞后时间不得大于5 s；推车式灭火器的喷射滞后时间不得大于10 s；可间歇喷射的手提式灭火器，每次间歇喷射的滞后时间不得大于3 s；推车式灭火器每次间歇喷射的滞后时间不得大于5 s。

3. 喷射距离

喷射距离是指从灭火器喷嘴的顶端到喷出灭火剂最集中处的中心的水平距离。

4. 喷射剩余率

喷射剩余率是指额定充装灭火剂的灭火器在喷射至灭火器内部压力与外界大气压力相等时，内部剩余的灭火剂量相对于喷射前灭火剂充装量的质量百分比。在20 ℃ ±5 ℃时，灭火器的喷射剩余率不得大于10%。

（二）使用温度范围

灭火器的使用温度应取下列规定的某一温度范围：4～55 ℃；－10～55 ℃；－20～55 ℃；－40～55 ℃；－55～55 ℃。灭火器在上述温度范围内的喷射性能与在20 ℃±5 ℃时的喷射性能相比，有效喷射时间的偏差不大于25%；且在最高使用温度时的有效时间不得小于6 s；喷射剩余率不得大于15%；手提式灭火器的喷射滞后时间不得大于5 s；推车式灭火器的喷射滞后时间不得大于15 s。

（三）灭火性能

灭火器的灭火性能是指灭火器扑灭火灾的能力。灭火性能用灭火级别表示。灭火级别由数字和字母组成，如3A、21A、5B、20B等，数字表示灭火级别的大小，数字越大，灭火级别越高，灭火能力越强；字母表示灭火级别的单位和适于扑救的火灾种类。灭火器的灭火级别是通过试验确定的。

（四）密封性能

密封性能是指灭火器在喷射过程中各连接处的密封程度和长期保存时驱动气体不泄漏的性能。灭火器及其储气瓶应具有可靠的密封性能，其泄漏量应符合下列规定。

（1）由灭火剂蒸气压力驱动的储压式灭火器和二氧化碳储气瓶，用称重法检查泄漏量。灭火器年泄漏量不得大于灭火剂额定充装量的5%或50 g。储气瓶年泄漏量不得大于额定充装重量的5%。

（2）充有非液化气体的储压式灭火器和储气瓶，应用测压法检查泄漏量。每年其内部压力降低值不得大于20 ℃时额定充装压力的10%。

（五）机械强度

为了确保灭火器使用安全可靠，其零、部件必须具有足够的机械强度。评定灭火器机械强度有3个指标，即设计压力、试验压力和爆破压力。

1. 设计压力

灭火器的设计压力，应根据灭火器在60 ℃时，其内部的最高压力来确定。它与灭火剂数量、加压气体数量等因素有关。

2. 试验压力

灭火器制成后或使用一定时间后，均需进行水压试验。为确保灭火器安全，试验压力应为设计压力的1.5倍。试验时不得有渗漏和宏观变形等影响强度的缺陷。

3. 爆破压力

灭火器的爆破压力受到材料的机械性能和零件质量的影响。为保障使用安全，一般取3倍的设计压力作为爆破压力。

（六）结构要求

（1）灭火器的操作机构应简单灵活，性能可靠。操作机构应设有保险装置，保险装置的解脱动作应区别于灭火器的开启动作，其解脱力不得大于 100 N。操作机构的开启动作应能一次完成。

（2）手提式的水灭火器、泡沫灭火器、干粉灭火器和推车式灭火器应设有卸压结构，以保证在滞压情况下能安全拆卸。

（3）干粉灭火器、卤代烷灭火器和二氧化碳灭火器的灭火剂量大于或等于 4 kg 时，应设有可间歇喷射的结构和喷射软管。

三、灭火器的适用范围

（一）干粉灭火器

干粉储压式灭火器（手提式）是以氮气为动力，将筒体内干粉压出来实现灭火。它适宜于扑救石油产品、油漆、有机溶剂火灾。它能抑制燃烧的连锁反应而灭火，也适宜于扑灭液体、气体、电气火灾（干粉有 5 万伏以上的电绝缘性能），有的还能扑救固体火灾。但干粉灭火器不能扑救轻金属燃烧的火灾。

（二）二氧化碳灭火器

二氧化碳灭火器都是以高压气瓶内储存的二氧化碳气体作为灭火剂进行灭火，二氧化碳灭火后不留痕迹，适宜于扑救贵重仪器设备、档案资料、计算机室内火灾；由于它不导电，也适宜于扑救带电的低压电气设备和油类火灾，但不可用它扑救钾、钠、镁、铝等物质火灾。

（三）1211 灭火器

1211 灭火器是一种高效灭火剂。灭火时不污染物品，不留痕迹，特别适用于扑救精密仪器、电子设备、文物档案资料火灾。它的灭火原理也是抑制燃烧的连锁反应，也适宜于扑救油类火灾。但由于该灭火剂对臭氧层破坏力强，我国已于 2005 年停止生产 1211 灭火剂。

（四）泡沫灭火器

目前主要是化学泡沫，将来要发展空气泡沫，泡沫能覆盖在燃烧物的表面，防止空气进入。它最适宜扑救液体火灾，不能扑救水溶性可燃、易燃液体的火灾（如醇、酯、醚、酮等物质）和电器火灾。

（五）清水灭火器

清水灭火器喷出的主要是水，作用与酸碱灭火器相同，使用时不用颠倒筒身，先取下安全帽，然后用力打击凸头，就有水从喷嘴喷出。它主要是起冷却作用，只能扑救一般固体火灾（如竹木、纺织品等），不能扑救液体及电器火灾。

任务七　灭火器的使用及检查维护

一、灭火器的使用方法

（一）干粉灭火器的使用方法

检查灭火器是否在正常的工作压力范围。灭火器压力表分为3个颜色区，黄色表示压力充足，绿色表示压力正常，红色表示欠压，一般灭火器指针要在绿色区域。将灭火器上下颠倒几次，使里面干粉松动。拔出保险销，一只手握住压把，另一只手抓好喷管，将灭火器竖直放置，当用力按下压把时干粉便会从喷管里面喷出。灭火时对准火焰根部喷射，直至火焰熄灭，如图3.7.1所示。

灭火器使用要领—提拔握压
（微电影）（视频文件）

图3.7.1　干粉灭火器使用

注意事项：干粉灭火器可以用于A、B、C三类火灾，但在灭火过程中要注意，不要让死灰复燃。干粉灭火器喷出物为粉状，药剂喷射后会遮住灭火人员的视线，进入口鼻，因此最好把口鼻挡住。干粉灭火器喷射后现场会有些混乱，被喷射的物质不容易被整理，会对物品有一定的损坏。所以，对于电气类、书籍类物品尽量选用二氧化碳灭火器，这样对物品的损害会降到最低。干粉灭火器若长期不用，或受潮后药剂容易板结，而无法使用。

（二）手提式二氧化碳灭火器的使用方法

（1）用右手握着压把，并提着灭火器到现场；

（2）除掉铅封；

（3）拔出保险销；

（4）站在距离火源一定距离的地方左手拿着喇叭筒，右手按下压把，对着火焰根部喷射，并不断推前直至把火焰扑灭。

特别提醒：喷出的二氧化碳最低温度达 -78 ~5 ℃，利用它来冷却燃烧物质和冲淡燃烧区空气中的含氧量以达到灭火的效果。对没有喷射软管的二氧化碳灭火器，应把喇叭筒往上扳 70°~90°。如果是手轮式，将手轮按逆时针方向旋转，打开开关，二氧化碳便会喷出。

注意事项：在灭火时，要连续喷射，防止余烬复燃。灭火器在喷射过程中应保持直立状态，切不可平放或颠倒。当不戴防护手套时，不要用手直接握喷筒或金属管，以防冻伤。在室外使用时应选择在上风方向喷射，在室外大风条件下使用时，因为喷射的二氧化碳气体被吹散，灭火效果很差。在狭小的室内空间使用时，灭火后操作者应迅速撤离，以防被二氧化碳窒息而发生意外。用二氧化碳扑救室内火灾后，应先打开门窗通风，然后再进入，以防窒息。

（三）推车式二氧化碳灭火器的使用方法

推车式二氧化碳灭火器一般由两个人操作，使用时应将灭火器推或拉到燃烧处，在离燃烧物 10 m 左右停下，一人快速取下喇叭筒并展开喷射软管后，握住喇叭筒根部的手柄并将喷嘴对准燃烧物，另一人快速按逆时针方向旋动阀门的手轮，并开到最大位置，灭火剂即喷出。

二氧化碳灭火器在扑救流散流体火灾时，应使二氧化碳射流由近而远向火焰喷射，如果燃烧面积较大，操作者可左右摆动喷筒，直至把火扑灭。

当扑救容器内火灾时，操作者应从容器上部的一侧向容器内喷射，但不要使二氧化碳直接冲击到液面上，以免将可燃物冲出容器而扩大火灾。

注意事项：在空气中，二氧化碳含量达到 8.5% 时，会发生呼吸困难，血压增高；二氧化碳含量达到 20% ~30% 时，会出现呼吸衰弱，精神不振，严重时可能因窒息而死亡。

二、灭火器的检查及维护

使用单位必须加强对灭火器的日常管理和维护。要建立“灭火器维护管理档案”，登记类型、配置数量、设置部位和维护管理的责任人；明确维护管理责任人的职责。使用单位要对灭火器的维护情况至少每季度检查一次，检查内容包括：

（1）责任人维护职责的落实情况，灭火器压力值是否处于正常压力范围，保险销和铅封是否完好，灭火器不能挪作他用，应摆放稳固，没有埋压，灭火器箱不得上锁，避免日光暴晒和强辐射热，灭火器是否在有效期内等，要将检查灭火器有效状态的情况制作成状态卡，挂在灭火器筒体上明示。

（2）使用单位应当至少每十二个月自行组织或委托维修单位对所有灭火器进行一次功能性检查，主要的检查内容是：灭火器筒体是否有锈蚀、变形现象；铭牌是否完整清晰；喷嘴是否有变形、开裂、损伤；喷射软管是否畅通、是否有变形和损伤；灭火器压力表的外表面是否变形、损伤，指针是否指在绿区；灭火器压把、阀体等金属件是否有严重损伤、变形、锈蚀等影响使用的缺陷；灭火器的橡胶、塑料件是否变形、变色、老化或断裂；在相同批次的灭火器中抽取一具灭火器进行灭火性能测试。

（3）灭火器经功能性检查发现存在问题的必须委托有维修资质的维修单位进行维修，更换已损件，然后对筒体进行水压试验，重新充装灭火剂和驱动气体。

三、 灭火器的报废

应当报废的灭火器类型，均系技术落后，产品过时。酸碱型灭火器、化学泡沫灭火器的灭火剂对灭火器筒体腐蚀性强，使用时要倒置，容易产生爆炸危险。氯溴甲烷灭火器、四氯化碳灭火器的灭火剂毒性大，已经淘汰。这些灭火器类型列入了国家颁布的淘汰目录，产品标准也已经废止。

（一） 灭火器报废规程——时间

灭火器从出厂日期算起达到以下年限的必须报废：

（1）水基型灭火器——6 年；

（2）干粉灭火器——10 年；

（3）洁净气体灭火器——10 年；

（4）二氧化碳灭火器和储气瓶——12 年。

（二） 灭火器报废规程——形态

检查发现灭火器有下列情况之一者，必须报废：

（1）筒体严重锈蚀（漆皮大面积脱落，锈蚀面积大于筒体总面积的三分之一，表面产生凹坑者）或连接部位、筒底严重锈蚀；

（2）筒体严重变形；

（3）筒体、器头有锡焊、铜焊或补缀等修补痕迹；

（4）筒体、器头（不含提、压把）的螺纹受损、失效；

（5）筒体与器头非螺纹连接的灭火器，器头存在裂纹、无泄压结构等缺陷；

（6）水基型灭火器筒体内部的防腐层失效；

（7）没有间歇喷射机构的手提式灭火器；

（8）筒体为平底等结构不合理的灭火器；

（9）没有生产厂名称和出厂年月的（含铭牌脱落，或虽有铭牌，但已看不清生产厂名称；出厂年月钢印无法识别的）；

（10）被火烧过的灭火器。

（三） 报废后的注意事项

报废的灭火器或储气瓶，必须在确认内部无压力的情况下，对灭火器筒体或储气瓶进行打孔、压扁或锯切，报废情况应有记录，并通知送修单位。

为保证灭火器的报废不影响灭火器配置场所的总体灭火能力，本条特做此规定：灭火器报废后，应当按照等效替代的原则进行更换。等效替代的含义主要包括：新配灭火器的灭火种类、温度适用范围等应与原配灭火器一致，其灭火级别和配置数量均不得低于原配灭火器。

消防系统-3D动画（视频文件）

任务八　消火栓的使用及管理

消防栓，正式叫法为消火栓，是一种固定式消防设施，主要作用是控制可燃物、隔绝助燃物、消除点火源。消火栓分室内消火栓和室外消火栓。

消防系统包括室外消火栓系统、室内消火栓系统、灭火器系统，有的还会有自动喷淋系统、水炮系统、气体灭火系统、火探系统、水雾系统等。消火栓套装一般由消防箱 + 消防水带 + 水枪 + 接扣 + 栓 + 卡子等组合而成，消火栓主要供消防车从市政给水管网或室外消防给水管网取水实施灭火，也可以直接连接水带、水枪出水灭火。所以，室内、外消火栓系统也是扑救火灾的重要消防设施之一。

一、 放置位置

消火栓应该放置于走廊或厅堂等公共的共享空间中，一般会在上述空间的墙体内，不能对其做任何装饰，而且必须要求有醒目的标注（写明“消火栓”），并不得在其前方设置障碍物，避免影响消火栓门的开启。消火栓一般不设在房间（如包厢）内，因为这不符合消防的规定，也不利于消防人员的及时救援。

二、 消火栓的种类

（一） 室内消火栓

室内消火栓是室内给水管网向火场供水的带有阀门的接口，为工厂、仓库、高层建筑、公共建筑及船舶等室内固定消防设施，通常安装在消火栓箱内，与消防水带和水枪等器材配套使用。减压稳压型消火栓为其中一种。

（二） 室外消火栓

室外消火栓是设置在建筑物外面的消防给水管网上的供水设施，主要供消防车从市政给水管网或室外消防给水管网取水实施灭火，也可以直接连接水带、水枪出水灭火。所以，室外消火栓系统也是扑救火灾的重要消防设施之一。

（三）旋转消火栓

旋转消火栓是指栓体可相对于与进水管路连接的底座进行水平360°旋转的室内消火栓。它具有栓体与底座相对旋转的特点，因而可以在超薄箱体内安装，使得箱体减薄成为可能。当消火栓不使用时，可将栓体出水口旋转至与墙体平行状态，即可关闭箱门；在使用时，将栓体出水口旋出与墙体垂直，即可接驳水带，便于操作。

（四）地下消火栓

地下消火栓是一种室外地下消防供水设施，用于向消防车供水或直接与水带、水枪连接进行灭火，是室外必备消防供水的专用设施。地下消火栓安装于地下，不影响市容、交通，由阀体、弯管、阀座、阀瓣、排水阀、阀杆和接口等零部件组成。地下消火栓是城市、厂矿、电站、仓库、码头、住宅及公共场所必不可少的灭火供水装置，尤其是市区及河道较少的地区更需装设。而且要求产品的结构应合理、性能可靠、使用方便。当采用地下消火栓时，应标注明显标志。寒冷地区多采用地下消火栓。

（五）地上消火栓

地上消火栓是一种室外地上消防供水设施，用于向消防车供水或直接与水带、水枪连接进行灭火，是室外必备消防供水的专用设施。它上部露出地面，标志明显，使用方便，由阀体、弯管、阀座、阀瓣、排水阀、阀杆和接口等零部件组成。地上消火栓是一种城市必备的消防器材，尤其是市区及河道较少的地区更需装设，以确保消防供水需要。各厂矿、仓库、码头、货场、高楼大厦、公共场所等人口稠密的地区有条件的都应该安装。

（六）双口双阀消火栓

双口双阀消火栓是室内消火栓的一种。《高层民用建筑设计防火规范》规定：以下情况，当设两根消防竖管有困难时，可设一根竖管，但必须采用双口双阀消火栓。

（1）18层及18层以下的单元式住宅。

（2）18层及18层以下、每层不超过8户、建筑面积不超过650 m^2 的塔式住宅。

（七）室外直埋伸缩式消火栓

室外直埋伸缩式消火栓是一种具有平时将消火栓收缩在地面以下，使用时拉出地面工作的特点的消火栓，和地上式相比，避免了碰撞，防冻效果好，和地下式相比，不需要建地下井室，在地面以上连接，工作方便。

并且室外直埋伸缩式消火栓的接口方向可根据接水需要而360°旋转，使用更加方便。

三、 消火栓的使用

（一） 室内使用

（1）打开消火栓门，按下内部启泵报警按钮（按钮是启动消防泵和报警的）；

（2）一人接好枪头和水带奔向起火点；

（3）另一人将水带的另一端接在栓头铝口上；

（4）逆时针打开阀门后水喷出即可。注：若是电起火，要确定已切断电源。

（二） 室外使用

（1）用扳手打开地下消火栓的水袋口连接开关；

（2）将消防水带进行连接；

（3）用扳手打开地下消火栓的出水阀门开关；

（4）接连水带口及出水枪头；

（5）至少两人以上手拿喷水枪头，向火源喷水直到火灭熄为止。

四、 消火栓的设置要求

（1）室外消火栓宜采用地上式的，应沿道路敷设，距一般路面边不大于5 m，距建筑物外墙不小于5 m。

（2）为了防止消火栓被车辆撞坏，地上消火栓距城市型道路路面边不小于0.5 m，距公路型双车道路肩边不小于0.5 m，距自行车道中心线不小于3 m。

（3）地上消火栓的大口径出水口应面向道路，地下消火栓应有明显标志。

（4）消火栓的数量及位置应按其保护半径及被保护对象的消防用水量等综合计算确定：消火栓的保护半径不应超过120 m，高压消防给水管道上的消火栓的出水量应根据管道内的水压及消火栓出口要求的水压确定，低压给水管道上公称直径为100 mm、150 mm的消火栓（工艺装置区、罐区宜设公称直径150 mm的消火栓）的出水量可分别取15 L/s、30 L/s。

（5）工艺装置区的消火栓应在工艺装置四周设置，消火栓的间距不宜超过60 m，当装置宽度超过120 m时，宜在装置内的道路路边增设消火栓。

（6）可燃液体罐区、液化烃罐区距罐壁15 m以内的消火栓，不应计算在该储罐可使用的数量之内。

（7）当检修消火栓不允许停水时，与生产或生活合用的消防给水管道上设置的消火栓，应设切断阀。

（8）在发生火灾时，为使岗位人员及时对设备进行冷却保护，工艺装置内甲类气体压缩机、加热炉、操作温度高于自燃点的可燃液体泵等设备附近，宜设箱式消火栓，其保护半径为30 m，设置在寒冷地区的箱式消火栓，应有防冻措施。

（9）考虑到初起火灾大多不能直接用水扑救，着火时操作人员应首先用小型灭火器扑救，同时向消防队报警，若无法扑灭，消防队赶到后，可使用外部消火栓进行扑救。在火灾危险性较大的石油化工厂房内多数设有蒸气灭火设施或其他固定灭火设施。建筑物内是否设置消火栓，应根据建筑物的火灾危险性、物料的性质、建筑体积及其他消防设施等的综合情况来确定。

机器人灭火实操演练（视频文件）

私拉乱接电线引起火灾的扑救现场（视频文件）

正压式空气呼吸器的使用及检查（视频文件）

项目四

现场伤员紧急救治与搬运

项目引入

2003年10月22日下午2时许，某水库管理处2号料仓建设工地正在紧张地进行施工，施工者是由韩某带领的一支农民工队伍。当时，韩某临时雇来的5名工人正用1台自制小吊车吊运混凝土和其他施工建筑材料。当这5名工人把小吊车由料仓南侧墙向西侧墙推动时，自制小吊车的起重拔杆碰在料仓西侧墙上方带电的10 kV高压线上，导致推小吊车的5名工人当即触电倒地。同行工人利用木棒等绝缘工具迅速使其脱离带电区域，并立即进行胸外心脏按压、同时进行口对口人工呼吸。因抢救及时，5名工人才得以幸免于难。

知识准备

工作现场发现有人触电时，应立即对触电者按触电急救原则实施急救，通过实施触电急救，要求学会使触电者脱离电源的方法和心肺复苏法。如发现工作现场作业者受外伤时，应立即对其采取正确的止血包扎，因此要求学会止血包扎方法。当发现工作现场有作业者骨折时，应立即对其采取正确的骨折固定及安全搬运，因此要求学会骨折固定及伤员搬运方法。

项目目标

（1）使触电者就地、快速地脱离电源。

（2）能正确地实施口对口人工呼吸和胸外心脏按压。

（3）具有对创伤者采取正确处理措施的能力。

（4）具有对现场骨折伤员进行正确骨折固定的能力。

（5）具有对伤员进行正确搬运的能力。

知识链接

任务一　作业者触电后急救

一、触电急救原则

1. 触电急救措施

进行触电急救时，应坚持迅速、就地、准确、坚持的原则，迅速脱离电源。如果电源开关离救护人员很近时，应立即拉掉开关切断电源施救。

（1）迅速脱离电源。如果电源开关离救护人员很近时，应立即拉掉开关切断电源；当电源开关离救护人员较远时，可用绝缘手套或木棒将触电人员与电源分离。如导线搭在触电者的身上或压在身下时，可用干燥木棍及其他绝缘物体将电源线挑开。

（2）就地急救处理。当触电者脱离电源后，尽快进行就地抢救。只有在现场对施救者的安全有威胁时，才需要把触电者转移到安全地方再进行抢救，但不能等到把触电者经长途送往医院后再进行抢救。

（3）准确地使用人工呼吸。如果触电者神志清醒，仅心慌、四肢麻木或者一度昏迷还没有失去知觉，此种情况应让他安静休息。

（4）坚持抢救。坚持就是触电者复生的希望，百分之一的希望也要尽百分之百的努力。

2. 触电者伤情判定

触电者脱离电源后，应迅速判定其触电程度，有针对性地实施现场救护。

（1）触电者如神态清醒，只是心慌、四肢发麻、全身无力，但没有失去知觉，则应使其就地平躺，严密观察，暂时不要走动。

（2）触电者神志不清，失去知觉，但呼吸和心脏尚正常，应使其舒适平卧，保持空气流通，随时观察。

（3）若发现触电者出现呼吸困难或心跳失常，则应迅速用心脏复苏法进行人工呼吸或胸外心脏按压。

（4）如果触电者失去知觉，心跳、呼吸停止，则应判定触电者是假死症状，不能判定触电者死亡，应立即对其进行心肺复苏。

3. 触电急救注意事项

（1）救护者一定要判明情况做好自身防护。在切断电源前不得与触电者裸露接触（跨步电压触电除外）。

（2）不得采用金属和其他潮湿的物品作为救护工具。

（3）未采取任何绝缘措施的情况下，救护者不得直接触及触电者的皮肤或潮湿衣服。

（4）在使触电者脱离电源的过程中，救护者最好用一只手操作，以防自身触电。

（5）当触电者站立或位于高处时，应采取措施防止触电者脱离电源后摔跌。

（6）夜晚发生触电事故时，应考虑切断电源后的临时照明，以利救护。

（7）救护者在救护过程中要注意自身和被救者与附近带电设备之间的安全距离。

现场急救的意义
及作用（视频文件）

二、 平地脱离电源的方法

1. 脱离低压电源的方法

平地脱离电源的方法
（微课）（视频文件）

1）拉（开关）

触电时临近地点有电源开关或插头的，可立即拉开开关或拔下插头，断开电源，如图 4.1.1 所示。但应注意：拉线开关、平开关等只能控制一根线，有可能只切断了零线，而不能断开电源。

拉开关要果断迅速

图 4.1.1 拉（开关）

2）切（断电源线）

如果触电地点附近没有或一时找不到电源开关或插头，则可用电工绝缘钳或干燥木柄铁锹、斧子等切断电线，断开电源。断线时要做到一相一相切断，在切断护套线时应防止短路弧光伤人，如图 4.1.2 所示。

3）挑（开导线）

当电线或带电体搭落在触电者身上或被压在身下时，可用干燥的衣服、手套、绳索、木板、木棍等绝缘物品作为救助工具，挑开导线或拉开触电者，使之脱离，如图 4.1.3 所示。

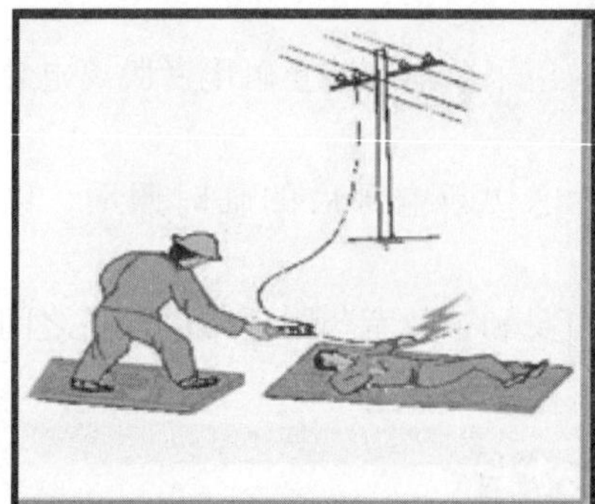

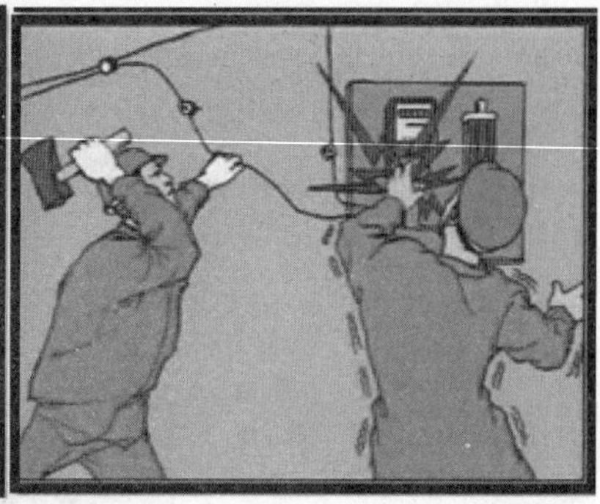

图 4.1.2　切（断电源线）

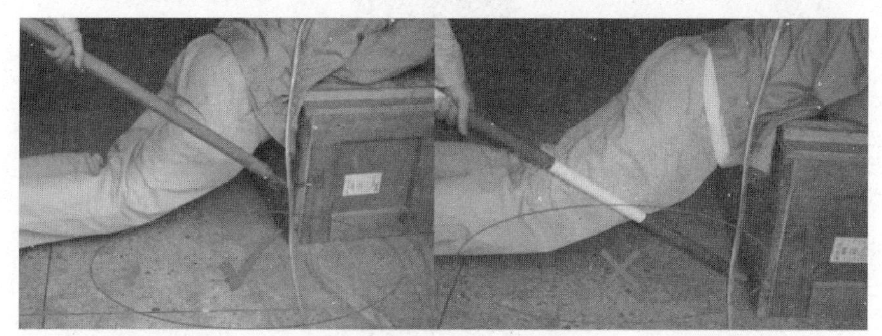

使用绝缘工具解脱触电者　　使用一般工具解脱触电者

图 4.1.3　挑（开导线）

4）拽（触电者）

如果触电者的衣服是干燥的，又没有紧缠在身上，则可拉着他的衣服后襟将其拖离带电部分；此时救护人员不得用衣服蒙住触电者，不得直接拉触电者的脚和躯体以及接触周围的金属物品。如果救护人员手中握有绝缘良好的工具，也可拉着触电者的双脚将其拖离带电部分，如图 4.1.4 所示。

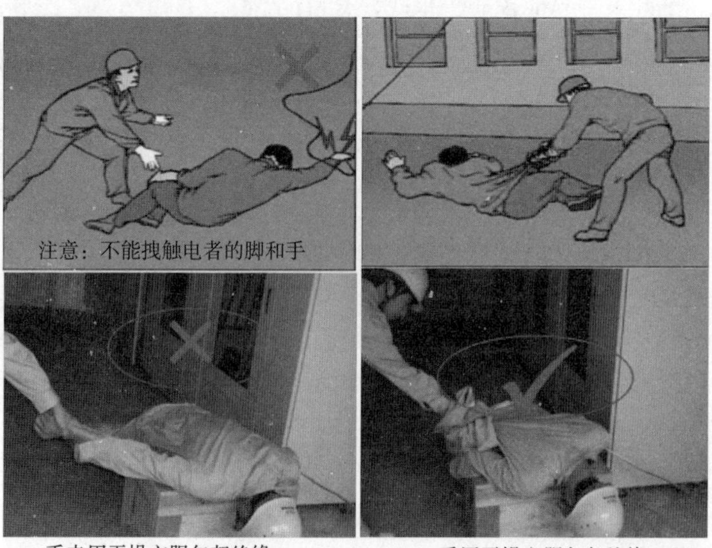

手未用干燥衣服包起绝缘　　手用干燥衣服包起绝缘

图 4.1.4　拽（触电者）

5）垫（救护者站在木板或绝缘垫上）

如果触电者躺在地上，可用木板等绝缘物插入触电者身下，以隔断电流。救护者尽可能站在绝缘物体或干木板上进行救援，如图 4.1.5 所示。

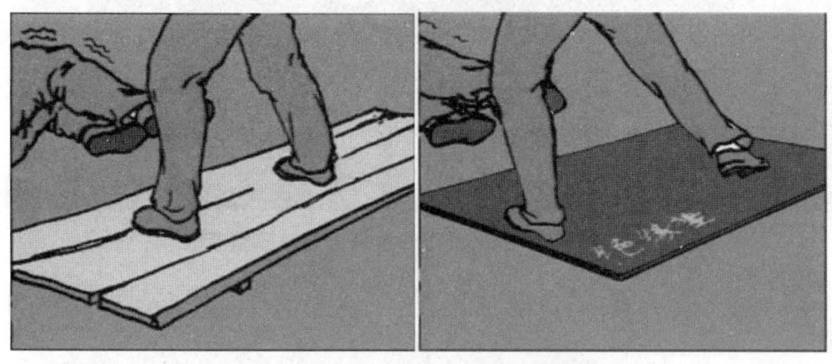

图 4.1.5　垫（救护者站在木板或绝缘垫上）

2. 脱离高压电源的方法

1）拉闸停电

对于高压触电应立即拉闸停电救人，如图 4.1.6 所示。在高压配电室内触电，应马上拉开断路器；高压配电室外触电，则应立即通知配电室值班人员紧急停电，值班人员停电后，立即向上级报告。

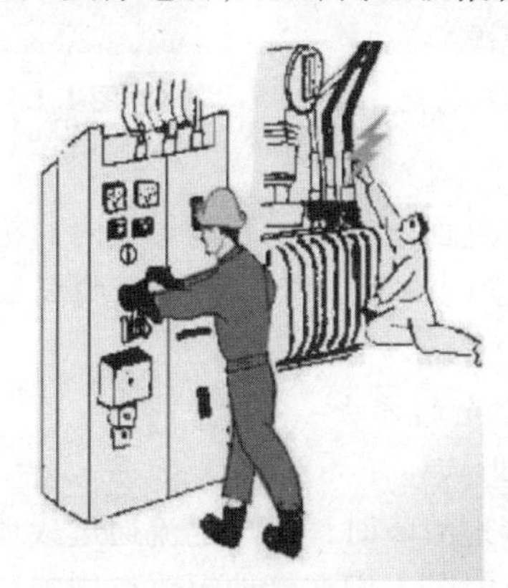

图 4.1.6　拉闸停电

2）短路法

若当时情况不能够立即切断电源开关时，可以采用抛挂足够截面的适当长度的金属短路线方法，使线路产生短路跳闸，从而使线路停电。抛挂前，必须将短路线的一端固定在铁塔或接地引下线上，另一端系重物，将金属与线路相碰短路。（注意，在抛掷短路线时防止电弧伤人或断线危及人员安全。）

（1）拉开高压断路器或用绝缘操作杆拉开高压跌落熔断器，如图 4.1.7 所示。

注意：操作时一定要戴安全帽、绝缘手套，穿安全鞋。

（2）抛挂裸金属软导线，人为造成短路，迫使开关跳闸，如图 4.1.8 所示。

图 4.1.7　用绝缘操作杆拉开高压跌落熔断器

（3）抛掷者要防止跨步电压伤人，要注意自身的安全，同时应防止电弧伤人，如图 4.1.9 所示。

图 4.1.8　正确投掷方法

图 4.1.9　错误投掷方法

3）注意事项

触电者触及断落在地面上的带电高压导线时，抢救人员不能接近断点 8～10 m 范围内，防止跨步电压伤人。触电者脱离带电导线后亦应迅速带至 8～10 m 以外后开始急救。

3. 脱离跨步电压触电的方法

1）跨步电压触电形式

当电气设备发生接地故障时，接地电流通过接地体向大地流散，在地面上形成分布电位。这时若人们在接地短路点周围行走，其两脚之间（人的跨步一般按 0.8 m 来考虑）的电位差，就是跨步电压。

由跨步电压引起的人体触电，称为跨步电压触电，如图 4.1.10 所示。人体受到跨步电压作用时，人体虽然没有直接与带电导体接触，也没有放弧现象，但电流是沿着人的下身，从一只脚经胯部到另一只脚，与大地形成通路。

触电时先是感觉脚发麻，后是跌倒。当触到较高的跨步电压时，双脚会抽筋而倒在地上。跌倒后，由于头脚之间的距离大，故作用于身体上的电压增高，触电电流相应增大，而且也有可能使电流经过人体的路径改变为经过人体的重要器官，如从头到脚或从头到手，因而增加触电的危害性。人体倒地后，电压持续 2 s，人就会有致命危险。跨步电压的大小决定于人体离接地点的距离，距离越远，跨步电压数值越小，在远离接地点 20 m 以外处，电位近似为零。越接近接地点，跨步电压越高。

图 4.1.10　跨步电压触电

2）脱离方法

当一个人发觉跨步电压威胁时，应赶快把双脚并在一起，然后马上用一条腿或两条腿跳离危险区，也可增设接地极改变跨步电压。增设垂直接地极对于降低接触电压和跨步电压具有非常显著的作用，一是垂直极的引入，降低了地电位，而接触电势和跨步电压均与地电位升有着直接的关系；二是因为增设垂直极后，大部分故障电流通过垂直极流入大地，相应减少了水平导体的散流量，因此地表面的水平方向电流密度大大减小，造成水平方向电场强度大大降低。

三、 高处作业触电的营救方法

1. 高处作业基本知识

高空作业认识（微课）

高处作业是指人在以一定位置为基准的高处进行的作业。国家标准 GB/T 3608—2008《高处作业分级》规定：“凡在坠落高度基准面 2 m 以上（含 2 m）有可能坠落的高处进行作业，都称为高处作业。”

高处作业的分级按 GB/T 3608—2008《高处作业分级》的规定执行，分为四级：

（1）一级高处作业：指高度在 2 ~ 5 m（含 2 m）高处的作业。

（2）二级高处作业：指高度在 5 ~ 15 m（含 5 m）高处的作业。

（3）三级高处作业：指高度在 15 ~ 30 m（含 15 m）高处的作业。

（4）特级高处作业：指高度在 30 以上（含 30 m）高处的作业。

2. 高处作业的基本要求

（1）高处作业人员必须系好安全带、戴好安全帽，安全带和安全帽必须符合国家标准。

（2）安全带必须系挂在施工作业处上方的牢固构件上，不得系挂在有尖锐棱角的部位。安全带应高挂（系）低用，不得采用低于腰部水平的系挂方法。

（3）作业前作业人员应仔细检查作业平台是否坚固、牢靠。安全措施是否落实。

（4）高处作业处与架空电线应保持不少于2.5 m的安全距离。

（5）高处作业时严禁上下投掷工具、材料和杂物等，所用材料要堆放平稳，作业点下方应设置安全警戒区，要有明确警戒标志，并设专人监护。

（6）高处作业与其他作业交叉进行时，必须按指定的路线上下，禁止上下垂直作业，若必须进行垂直作业时，须采取可靠的隔离措施。

（7）高处作业人员应沿着通道、梯子上下，严禁沿着绳索、立杆或栏杆攀登。

（8）登高作业应使用两端装有防滑套的合格的梯子，梯阶的距离不应大于40 cm，并在距梯顶1 m处设限高标志。使用单梯工作时，梯子与地面的斜角度为60°左右，梯子应有人扶持，以防失稳坠落。

（9）拆除工程必须制定安全防护措施、正确的拆除程序，不得颠倒，以防建（构）筑物倒塌坠落。

（10）对强度不足的作业面（如石棉瓦、铁皮板、采光浪板、装饰板等），人员在作业时，必须采取加强措施，以防踏空坠落。

3. 高处触电伤员脱离电源的方法

（1）发现杆上或高处有人触电时，应争取时间抢救，为使抢救更为有效，应及早设法将伤员送至地面。救护人员应带好必要的绝缘工具及绳索，并紧急呼救。

（2）触电发生在架空线杆塔上，如低压带电线路时，若可能立即切断线路电源的，应迅速切断电源，或者由救护人员迅速登杆，系好自己的安全带后，用绝缘胶柄的钢丝钳、干燥的不导电物体或绝缘体将触电者拉离电源。

（3）在断开电源后，确认触电者已与电源隔离时，方能接触伤员进行抢救，并防止高空坠落的可能性，且做好自身的安全防护。

（4）救护员带好营救工具迅速登杆，位置高出伤者20 cm为宜，自身固定好安全带，再开始营救。触电者脱离电源后，把触电者扶卧在自己的安全带上，注意保持气道畅通，然后进行意识、呼吸、脉搏判断，如有知觉者，可放到地面进行护理，如无呼吸，应立即进行人工呼吸或心脏按压法急救。

（5）下放触电者时，先用绳子在横担上绑好，固定绳子绕2～3圈，将绳子另一端在伤员腋下环绕一圈，系三个半靠扣，然后将绳头塞进伤员腋旁的圈内，并压紧，绳子选用的长度为杆高的1.3倍以上。工作人员相互要配合好，如图4.1.11所示。

（6）在触电急救时，不能用埋土、泼水或压木板等错误方法进行抢救。这些方法不但不会收到良好的效果，反而会加快触电者的死亡。正确的方法是就地采用心肺复苏法进行抢救。

图 4.1.11 高处触电伤员营救方法

高处作业触电的营救方法
（微课）（视频文件）

4. 高处作业防坠落措施

1）应急救援

当发生高处坠落事故后，抢救的重点应放在对休克、骨折和出血上的处理。

（1）对于颌面部伤员，首先应保持其呼吸道畅通，摘除义齿，清除移位的组织碎片、血凝块、口腔分泌物等，同时松解伤员的颈、胸部纽扣。若舌已后坠或口腔内异物无法清除时，可用 12 号粗针穿刺环甲膜，维持呼吸，尽可能早作气管切开。

（2）对于脊椎受伤者，创伤处应用消毒的纱布或清洁布等覆盖伤口，用绷带或布条包扎。搬运时，将伤者平卧放在帆布担架或硬板上，以免受伤的脊椎移位、断裂造成截瘫，招致死亡。抢救脊椎受伤者时，搬运过程严禁只抬伤者的两肩与两腿或单肩背运。

（3）发现伤者手足骨折，不要盲目搬动伤者。应在骨折部位用夹板把受伤位置临时固定，使断端不再移位或刺伤肌肉、神经或血管。固定方法：以固定骨折处上下关节为原则，可就地取材，用木板、竹片等。

（4）对于复合伤者，要求平仰卧位，保持呼吸道畅通，解开衣领扣。

（5）对于周围血管伤，压迫伤部以上动脉干至骨骼即可。直接在伤口上放置厚敷料，绷带加压包扎，以不出血和不影响肢体血循环为宜，常有效。当上述方法无效时可慎用止血带，原则上尽量缩短使用时间，一般以不超过 1 h 为宜，做好标记，注明上止血带时间。

2）高处坠落事故防范要点

（1）高处作业施工前，应按类别对安全防护设施（防护栏杆、攀登与悬空作业的用具与设施、安全网等）进行检查、验收，验收合格后方可进行作业，并应做验收记录。

（2）高处作业施工前，应对作业人员进行安全技术交底，并应记录。

（3）应根据要求将各类安全警示标志悬挂于施工现场各相应部位，夜间应设红灯警示。

（4）高处作业人员应根据作业的实际情况配备相应的高处作业安全防护用品，并应按规定正确佩戴和使用相应的安全防护用品、用具。

（5）正确使用安全带（绳），应定期抽查检验，在使用前应进行外观检查，安全带（绳）必须拴在结实牢固的构件上，并应采用高挂低用的方式。

（6）对作业现场可能坠落的物料，应及时拆除或采取固定措施。

（7）登高作业应借助施工通道、梯子及其他攀登设施和用具。在通道处使用梯子作业时，应有专人监护或设置围栏。使用单梯时梯面应与水平面成75°夹角，踏步不得缺失，梯格间距宜为300 mm，不得垫高使用。

（8）当遇有6级及以上强风、浓雾、沙尘暴等恶劣气候时，不得进行露天攀登与悬空高处作业。

（9）高处作业现场需要临时用电的，应指派电工架设，其他人不得担任此项工作，预防触电。

任务二　作业者受外伤后急救

一、创伤急救原则

1. 创伤常见原因及特点

创伤主要指机械性致伤因素（或外力）造成的机体损伤。广义的造成创伤的原因还包括物理、化学、生物等因素。创伤常见原因有：撞击碾压、切割、烧烫、电击坠落、跌倒等。

创伤的特点是发生率高，危害性大，对严重的创伤如救治不及时，将导致残疾和威胁生命。

2. 创伤的主要类型

由于创伤有损伤形态、受伤部位等不同，对创伤可以用不同的方法进行分类。

（1）按有无伤口分类，可分为开放性损伤和闭合性损伤。

（2）按受伤部位分类，可分为颅脑伤、颌面伤、颈部伤、胸部伤、腹部伤、脊柱伤、骨盆伤、四肢伤等。

（3）按受伤部位的多少及损伤的复杂性分类，可分为单发伤、多发伤、多处伤、复合伤等。

在应急救护伤员时，应根据伤员的创伤类型采取相应的救护方法。

3. 创伤应急救护的目的

挽救生命、减轻痛苦，降低伤残，争取在最佳时机内尽最大努力去救治最多的伤员。

4. 创伤应急救护原则

在有大批伤员等待救援的现场，应突出“先救命后治伤”的原则，要尽量救治所有可能救活的伤员。

5. 现场伤员的初步检查

一般在情况较平稳（如止住了活动性出血或解除了呼吸道梗阻）后，应立即检查伤员的头、胸、腹是否有致命伤。检查顺序如下：

（1）观察伤员呼吸是否平稳，头部是否有出血。

（2）双手贴头皮触摸检查是否有肿胀凹陷或出血。

（3）用手指从颅底沿着脊柱向下轻轻、快速地触摸，检查是否有肿胀或变形。检查时不可移动伤员。如果可疑有颈椎损伤，应固定颈部。

（4）双手轻按双侧胸部，检查双侧呼吸活动是否对称，胸廓是否有变形或异常活动。

（5）双手上、下、左、右轻按腹部四个象限，检查腹部软硬，是否有明显肿块压痛。

此外，还应注意伤员是否有骨盆以及四肢的损伤。

二、创伤出血与止血

严重的创伤常引起大量出血而危及伤员的生命，在现场及时有效地为伤员止血是挽救生命必须采取的措施。血液由血浆和血细胞组成。成人的血液量约占自身体重的8%，每千克体重含有60～80 mL血液。

外伤处理常用方法—止血与包扎（微课）（视频文件）

人体生理性止血原理3D动画（视频文件）

人体生理性止血过程3D动画（视频文件）

（一）出血类型

1. 按出血部位分

出血是指血管破裂导致血液流至血管外，按其出血部位分为外出血和内出血。外出血是指血液经伤口流到体外，在体表可看到出血；内出血是指血液流到组织间隙、体腔或皮下。身体受到创伤时可能同时存在内外出血。

2. 按血管类型分

按血管类型分可分为动脉出血、静脉出血和毛细血管出血。

（1）动脉出血。动脉血含氧量高，血色鲜红。动脉内血液流速快，压力高，一旦动脉受到损伤，出血可呈涌泉状或随心搏节律性喷射。大动脉出血可导致循环血容量快速下降。

（2）静脉出血。静脉血含氧量少，血色暗红。静脉内血液流速较慢，压力较低，但静脉管径较粗，能存有较多的血液，当曲张的静脉或大的静脉损伤时，血液也会大量涌出。

（3）毛细血管出血。任何出血都包括毛细血管出血。开始出血时出血速度比较快，血色鲜红，但出血量一般不大。身体受到撞击可引起皮下毛细血管破裂，导致皮下瘀血。

3. 失血量与症状

（1）轻度失血：突然失血占全身血容量20%（成人失血约800 mL）时，可出现轻度休克症状，口渴、面色苍白、出冷汗、手足湿冷，脉搏快而弱，可达每分钟100次以上。

（2）中度失血：突然失血占全身血容量的20%～40%（800～1 600 mL）时，可出现中度休克症状，呼吸急促、烦躁不安，脉搏可达每分钟100次以上。

（3）重度失血：突然失血占全身血容量40%（成人失血约1 600 mL）以上时，伤员表情淡漠、脉搏细弱或摸不到，血压测不清，随时可能危及生命。因此，止血是抢救出血伤员的一项重要措施，它对挽救伤员生命具有特殊意义。

（二）外出血止血方法

1. 止血材料

常用的材料有无菌敷料、绷带、三角巾、创可贴、止血带，如图4.2.1所示。也可用毛巾、手绢、布料、衣物等代替。

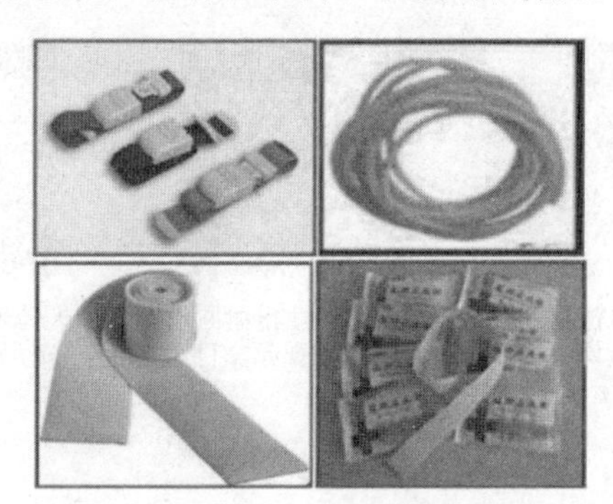

图4.2.1　止血材料

2. 少量出血的处理

伤员伤口出血不多时，可做如下处理：

（1）救护员先洗净双手（最好戴上防护手套）。

（2）表面伤口和擦伤用干净的流动的水冲洗。

（3）用创可贴或干净的纱布、手绢包扎伤口。

注意：不要用药棉或有绒毛的布直接覆盖在伤口上。

3. 严重出血的止血方法

控制严重的出血，要分秒必争，立即采取止血措施，同时拨打急救电话。

1）直接压迫止血法

直接压迫止血法是最直接、快速、有效、安全的止血方法，可用于大部分外出血的止血。首先救护员快速检查伤员伤口内有无异物，如有表浅小异物要先将其取出，再将干净的纱布或手帕等作为敷料覆盖在伤口上，用手直接压迫止血，如图 4. 2. 2 所示。必须是持续用力压迫。如果敷料被血液湿透，不要更换，再取敷料在原有敷料上覆盖，继续压迫止血，等待救护车到来。

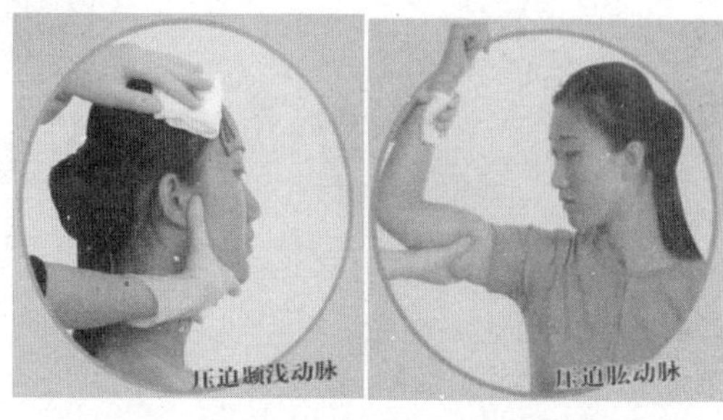

指压止血法
（视频文件）

图 4. 2. 2　压迫止血

2）加压包扎止血法

在直接用绷带压迫止血的同时，可再用绷带（或三角巾）加压包扎。救护员首先直接压迫止血，压迫伤口的敷料应超过伤口周边至少 3 cm，并用绷带（或三角巾）环绕敷料加压包扎。包扎后还应检查肢体末端血液循环情况。加压包扎止血过程如图 4. 2. 3 所示。

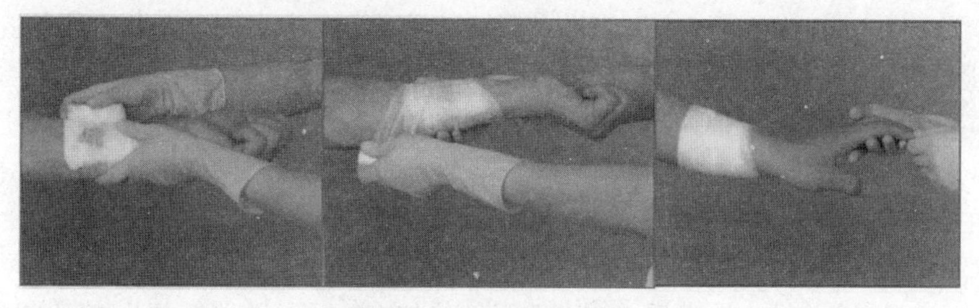

图 4. 2. 3　加压包扎止血

3）止血带止血法

当四肢有大血管损伤，直接压迫无法控制出血，或不能使用其他方法止血以致危及生命时，尤其是在特殊情况下（如灾难、战争环境、边远地区），可使用止血带止血，如图 4. 2. 4 所示。

在事故现场，往往没有专用的止血带，救护员可根据现场情况，就便取材，利用三角巾、围巾、领带、衣服、床单等作为布带止血带。但布带止血带缺乏弹性，止血效果差。如果过紧还容易造成肢体损伤或缺血坏死，因此，应尽可能在短时间内使用。

（1）将三角巾或其他布料折叠成约 5 cm 宽平整的条状带。

（2）如上肢出血，在上臂的上 1/3 处（如下肢出血，在大腿的中上部）垫好衬垫（可用绷带、毛巾、平整的衣物等）。

（3）用折叠好的条状带在衬垫上加压绕肢体一周，两端向前拉紧，打一个活结（也可先将条状带的中点放在肢体前面，平整地将带的两端向后环绕一周作为衬垫，交叉后向前环绕第二周，并打一活结）。

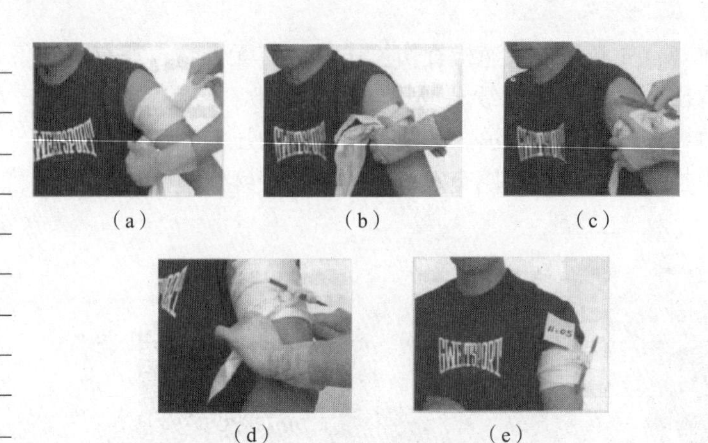

止血带止血方法
（视频文件）

图 4.2.4　止血带止血

（a）绑紧布带；（b）打活结、穿绞棒；
（c）绞紧；（d）固定绞棒；（e）标时间

（4）将一绞棒（如铅笔、筷子、勺把、竹棍等）插入活结的外圈内，然后提起绞棒旋转绞紧至伤口停止出血为度。

（5）将棒的另一端插入活结的内圈固定。

（6）结扎好止血带后在明显的部位注明结扎止血带的时间。

注意事项：

（1）止血带不要直接结扎在皮肤上，应先用平整的衬垫垫好，再结扎止血带。

（2）结扎止血带的部位应在伤口的近心端。上肢结扎应在上臂的上1/3 处，下肢结扎应在大腿中上部。对于损毁的肢体，也可把止血带结扎在靠近伤口的部位，有利于最大限度地保存肢体。

（3）止血带松紧要适度，以伤口停止出血为度。

（4）结扎好止血带后，要在明显部位加上标记，注明结扎止血带的时间，应精确到分钟。

（5）结扎止血带的时间一般不应超过 2 h，每隔 40 ~ 50 min 或发现伤员远端肢体变凉时，应松解一次，松解时如有出血，可压迫伤口止血。松解约 3 min 后，在比原结扎部位稍低的位置重新结扎止血带。

（6）禁止用铁丝、电线、绳索等当作止血带。

（三）可疑内出血的现场判断与处理

1. 可疑内出血的一般判断

（1）伤员面目苍白，皮肤发绀。

（2）口渴，手足湿冷，出冷汗。

（3）脉搏快而弱，呼吸急促。

（4）烦躁不安或表情淡漠，甚至意识不清。

（5）发生过外伤或有相关疾病史。

（6）皮肤有撞击痕迹，局部有肿胀。

（7）体表未见到出血。

2. 可疑内出血的应急救护措施

（1）拨打急救电话或尽快送伤员去医院。

（2）伤员出现休克症状时，应立即采取救护休克的措施。

（3）在急救车到来前，应密切观察伤员的呼气和脉搏，保持气道通畅。

三、现场包扎技术

快速准确地包扎伤口是外伤救护的重要一环，它可以起到快速止血、保护伤口、防止进一步污染、减轻疼痛的作用，有利于转运和进一步的治疗。

（一）包扎的目的

（1）保护伤口，防止进一步污染，减少感染机会。

（2）减少出血，预防休克。

（3）保护内脏和血管、神经、肌腱等重要解剖结构。

（4）有利于转运伤员。

（二）包扎材料

常用的包扎材料有创可贴、尼龙网套、三角巾、绷带、弹力绷带、胶带及就便器材，如手帕、领带、毛巾、头巾、衣服等。

（三）包扎要求

包扎伤口动作要快、准、轻、牢。包扎时部位要准确、严密，不遗漏伤口；包扎动作要轻，不要碰触伤口；包扎要牢靠，但不宜过紧；包扎前伤口上一定要加盖敷料。

（四）包扎方法

1. 绷带包扎法

1）环形包扎法

环形包扎法是绷带包扎中最常用的方法，通常用于肢体粗细相等部位，如胸、四肢、腹部以及肢体粗细较均匀处伤口的包扎。其操作方法是将绷带作环形缠绕，第一圈作环绕稍呈斜形，第二圈应与第一圈重叠，第三圈作环形，如图 4. 2. 5 所示。

2）螺旋包扎法

螺旋包扎法适用于四肢和躯干等处。其操作方法是将绷带螺旋向上，每圈应压在前一圈的 1/2 处，如图 4. 2. 6 所示。

3）螺旋反折包扎法

螺旋反折包扎法适用于肢体上下粗细不等部位的包扎，如小腿、前臂等。其操作方法是先作螺旋状缠绕，再把绷带反折一下，盖住前圈的 1/3 ~ 2/3，由下而上缠绕，如图 4. 2. 7 所示。

绷带包扎—环形与螺纹法（视频文件）

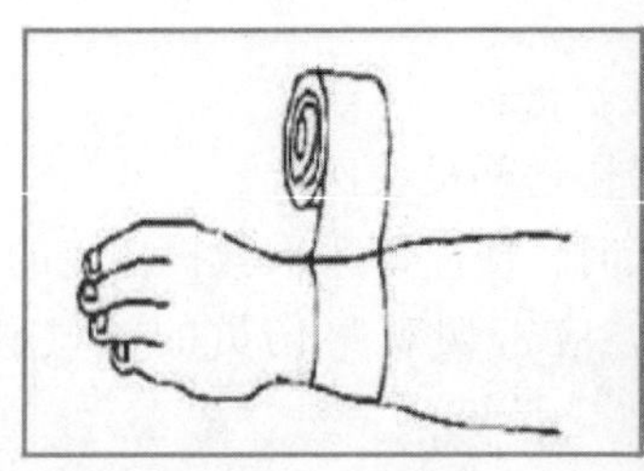
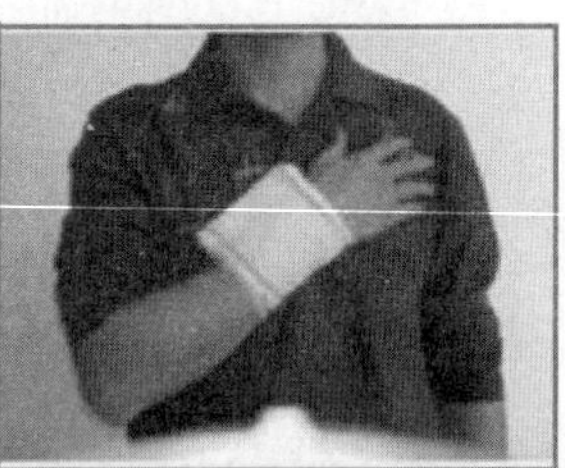
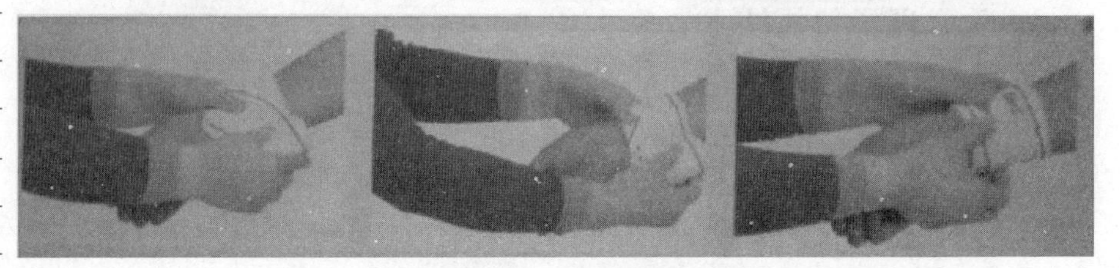

图 4.2.5　环形包扎

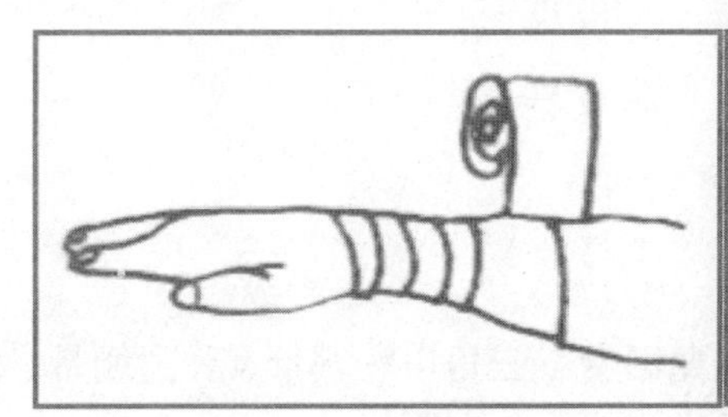
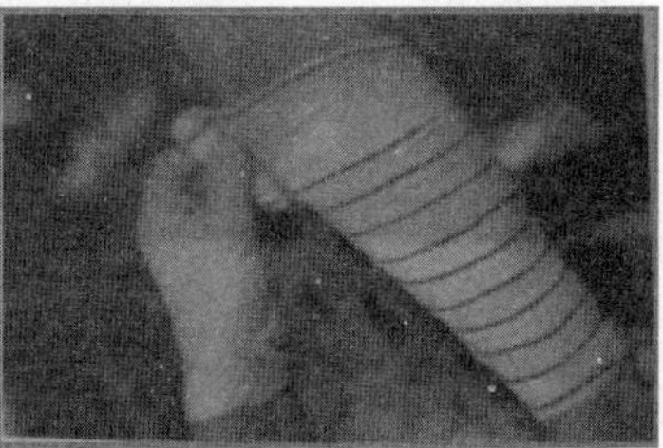

图 4.2.6　螺旋包扎

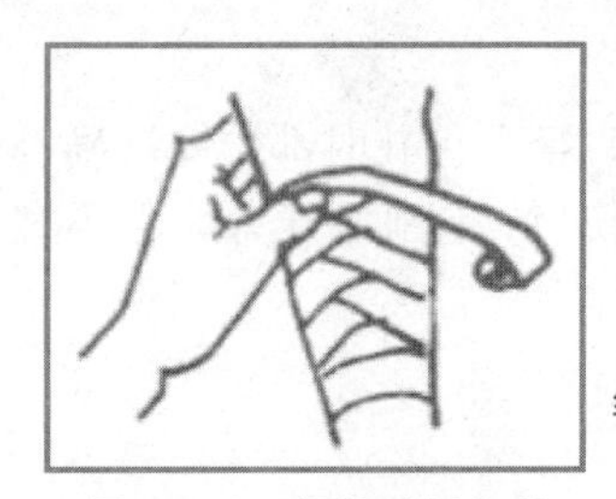

绷带包扎—螺旋反折法（视频文件）

图 4.2.7　螺旋反折包扎

4）“8”字包扎法

“8”字包扎法多用于肩、髂、膝、髁等处。其操作方法是将一圈向上，再一圈向下，每圈在正面和前一周相交叉，并压盖前一圈的 1/2，如图 4.2.8 所示。

5）回反包扎法

回反包扎法多用于头和断肢端。其操作方法是将绷带多次来回反折。第一圈常从中央开始，接着各圈一左一右，直至将伤口全部包住，用作环形将所反折的各端包扎固定。此法常需要一位助手在回反折时按压一下绷带的反折端，如图 4.2.9 所示。

6）绷带包扎的基本原则

（1）用绷带时，伤病者应坐着或躺下。

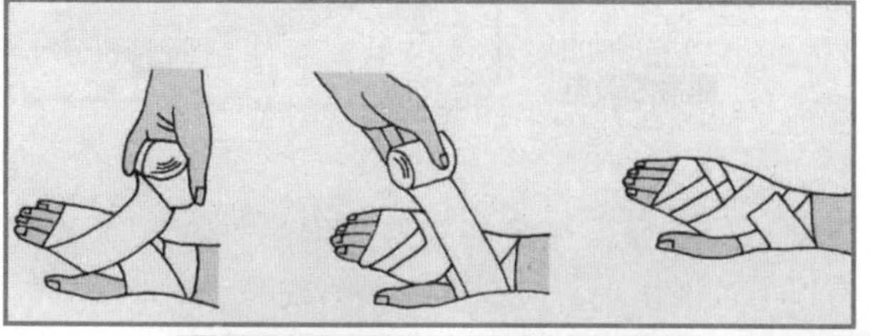

绷带包扎—“8”字法
（视频文件）

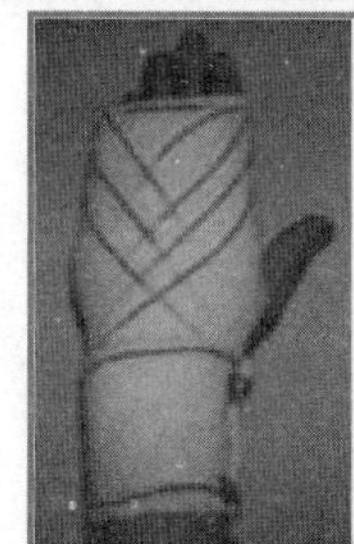

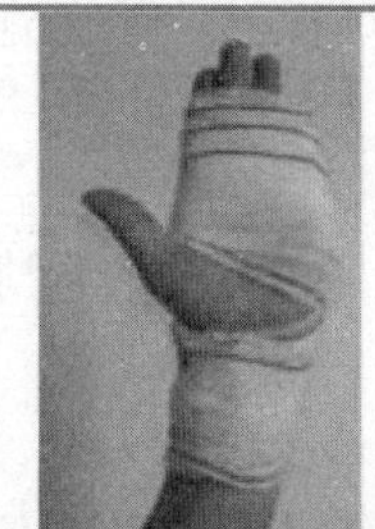

图 4.2.8　“8”字包扎

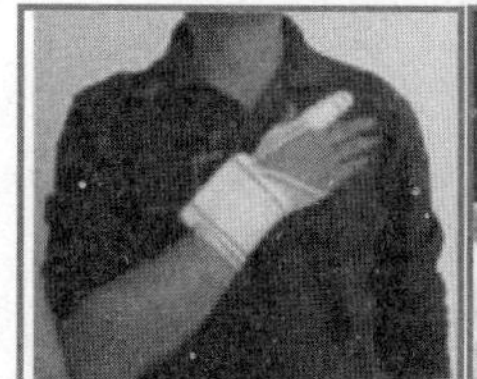

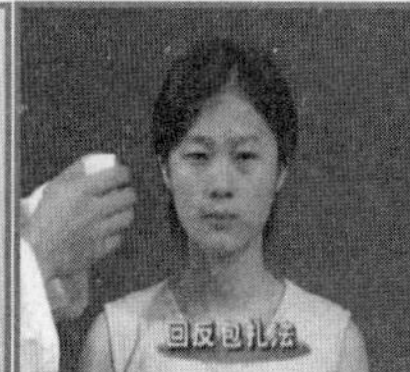

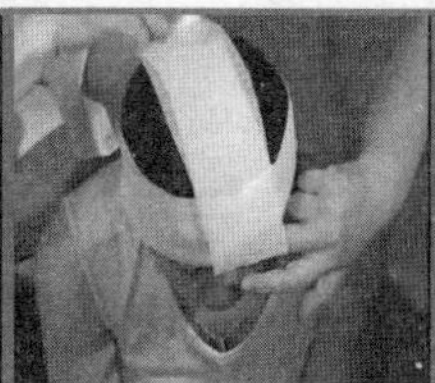

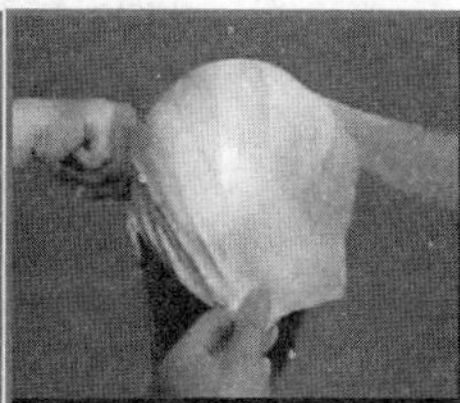

图 4.2.9　回反包扎

绷带包扎—回反法
（视频文件）

（2）尽可能坐或站在他的前方，自伤侧裹扎绷带。

（3）一定要从内侧向外包裹，从伤处下方向上包裹。

（4）开始时，应确定伤处已支撑在正确部位。

（5）如果伤病者躺着，缠绕绷带时应自踝、膝、背和颈部等自然凹陷处通过。

（6）绷带裹扎的松紧度应以能够固定敷料、控制出血，或防止移动，但不得干扰血液循环为原则。

（7）应经常检查，确定绷带并未因组织肿胀而变得太紧。

（8）如果裹扎住四肢，则应露出手指或脚趾，以便检查循环情况。

（9）如果目的在于控制出血，维持直接压力，则绷带结应打在敷料上。

（10）如果目的在于固定肢体，绷带结应打在未受伤侧的前方，除非有其他特殊情况。如果两侧都受了伤，则应打结在身体中央。

（11）如果必须打结以固定绷带时，一定要打死结。

（12）在四肢和身体间，以及在四肢的关节处，要使用绷带时，应尽量加入足够的填料，特别要注意自然凹陷的部位。

检查血液循环：

在扎好绷带后，应立刻检查血液循环与神经。以后每隔 10 min 也得检查一次。一旦发现有以下情况出现，应视需要调整或解开绷带。

①伤病者的手指或脚趾刺痛，或失去感觉。

②无法移动手指或脚趾。

③手指或脚指甲呈现异常的白色或蓝色。

④伤肢的脉搏消失，或比正常肢体的脉搏减弱。

⑤手指或脚趾冰冷。

检查方式：

压迫扎上绷带的手或脚的一片指甲，使其呈现白色。放松时，如果指甲迅速恢复粉红色，则说明血液循环正常。如果指甲仍是白色或蓝色，或者手指异常冰冷，就表示绷带扎得太紧。如果伤肢的脉搏消失，也表示绷带太紧。

2. 三角巾包扎法

使用三角巾时，注意边要固定，角要拉紧，中心伸展，敷料贴实。在应用时可按需要折叠成不同的形状，适用于不同部位的包扎。

1）头顶帽式包扎法

将三角巾底边折叠约二横指宽，放于前额与眉弓相平，顶角经头顶拉至枕后，两底角经耳上方向后拉至枕外隆凸下方交叉，并将顶角折入一侧，外旋90°，使底角压住顶角，然后两手前拉底角，经两耳上方绕至一侧颞部（或额部）打结，如图 4. 2. 10 所示。

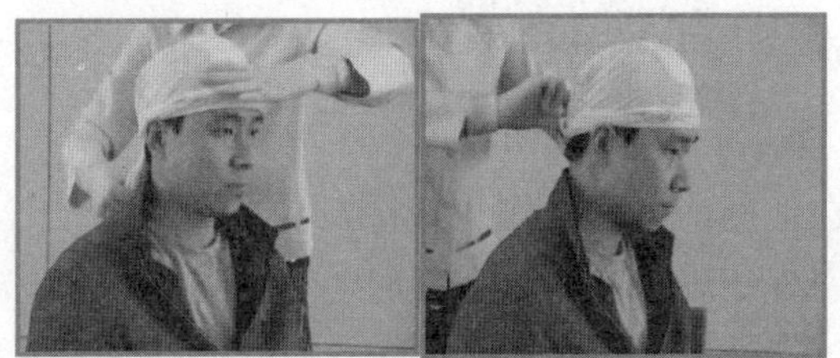

三角巾帽式包扎方法
（视频文件）

图 4. 2. 10　头顶帽式包扎

2）风帽包扎法

将三角巾顶角和底边中点各打一结，形似风帽，顶角结放于前额，底边结置于枕外隆凸下方，包住全头，将两底角拉紧，底边向外反折成带状包绕下颌，最后在枕外隆凸下方打结。此法不仅适用于颅顶部包扎，还适用于面部、下颌和伤肢残断的包扎，如图 4. 2. 11 所示。

3）单肩燕尾式包扎法

将三角巾折成燕尾式（夹角成 80°左右），燕尾夹角放于肩上正中，燕尾底边两角包绕上臂上部（约上 1/3）打结。然后两燕尾角分别经胸、背拉到对侧腋下打结，如图 4. 2. 12 所示。

图 4.2.11　风帽包扎

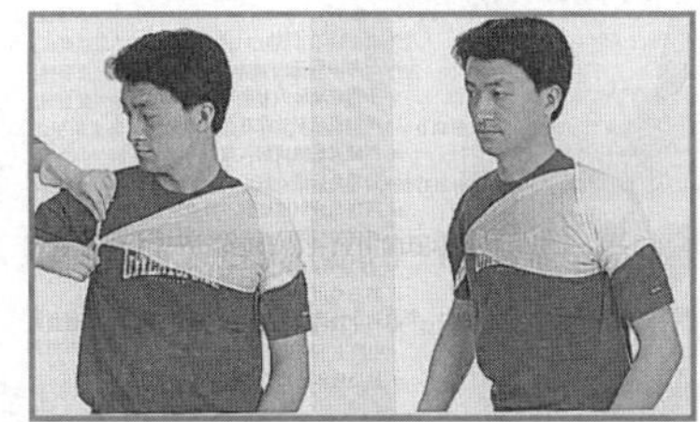

肩胸腹部包扎方法
（视频文件）

图 4.2.12　单肩燕尾式包扎

4）双肩燕尾式包扎法

将三角巾折成燕尾式（夹角成 130°左右），放于胸前（颈后部），两燕尾底角分别接上绷带于背后（胸前）打结，将两燕尾角分别放于两肩拉向背后，并与前结余头打结。此法适用于双肩、背部、胸部的包扎，如图 4.2.13 所示。

图 4.2.13　双肩燕尾式包扎

5）胸部包扎法

将三角巾底边横放在胸部，顶角从伤侧越过肩上折向背部；三角巾的中部盖在胸部的伤处，两底角拉向背部打结，顶角结带也和这两底角打结在一起。背部包扎则和胸部相反，即两底角于胸前打结固定，如图 4.2.14 所示。

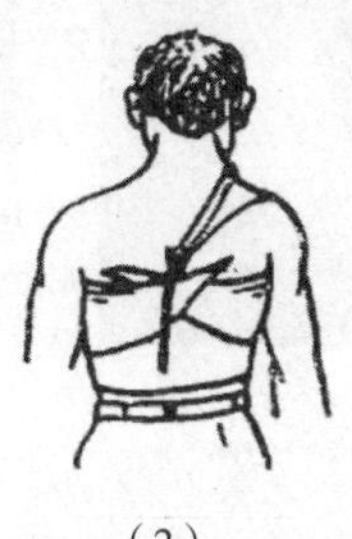

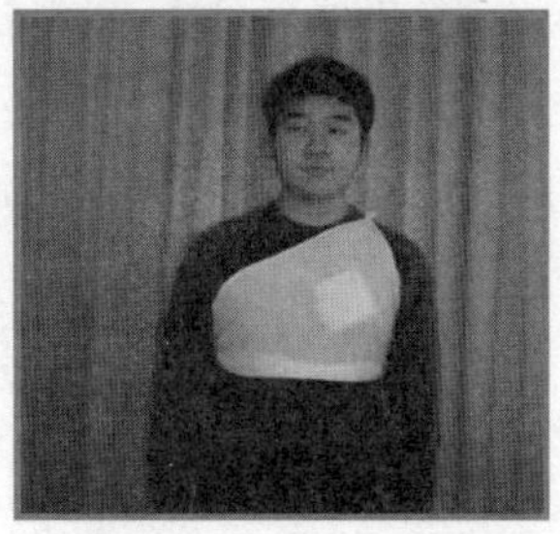

图 4.2.14　胸部包扎

6）腹部包扎法

将燕尾底边横放于上腹部，夹角对准大腿外侧正中线，拉紧底边两端绕腹于腰背打结；然后燕尾前角包绕大腿，并拉紧与后角打结。两燕尾底边角围绕大腿根部打结，两燕尾角拉至对侧腰部打结，如图 4. 2. 15 所示。

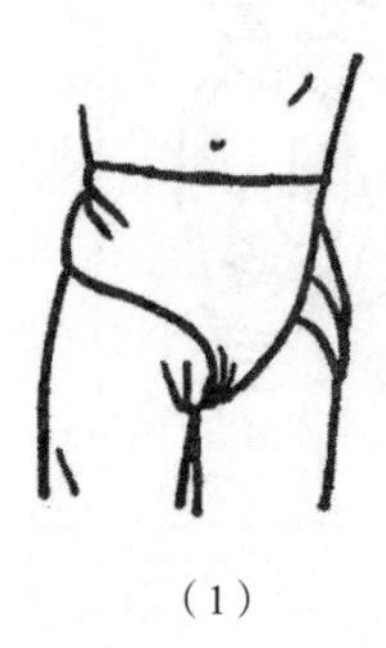
（1）

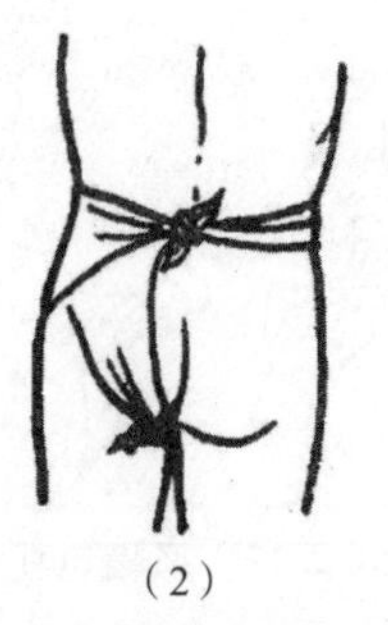
（2）

图 4. 2. 15　腹部包扎

7）手（足）包扎法

将三角巾底边向上横置于腕部或踝部，手掌或足跖放于三角巾的中央，再将顶角折回盖在手或足上，然后将两底角交叉压住顶角，再于腕部或踝部缠绕一周打结，打结时应将顶角再折回打在结内。将三角巾折成条带状，横放于手背或足背（手掌、足跖）处，在手背或足背（手掌、足跖）进行“8”字交叉，绕腕（踝）打结，如图 4. 2. 16 所示。

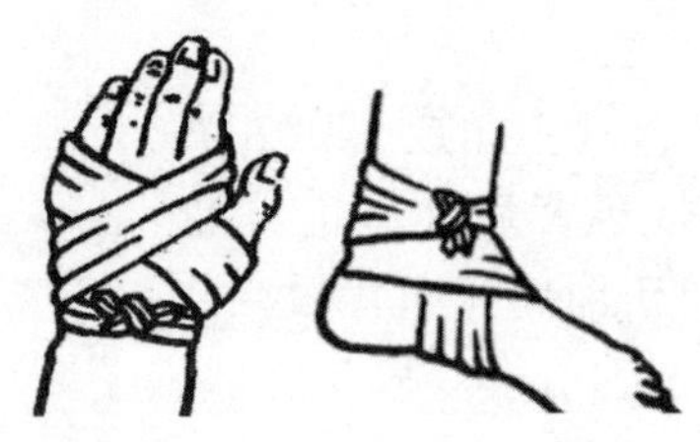

图 4. 2. 16　手（足）包扎

8）膝（肘）部包扎法

根据伤情将三角巾折成适当宽度的带形，将带的中段斜放于膝（肘）伤部，取带两端分别压住上下两边，包绕肢体两周打结。此法也适用于四肢伤的各部位包扎，如图 4. 2. 17 所示。

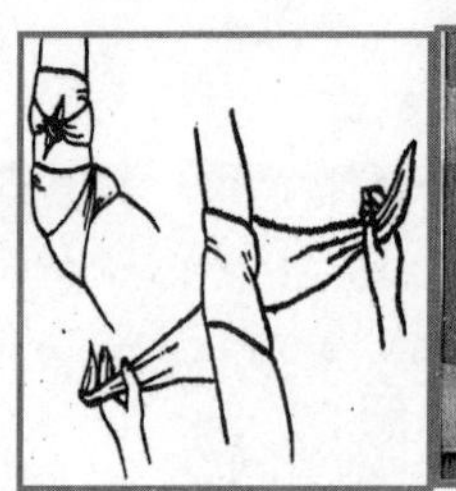

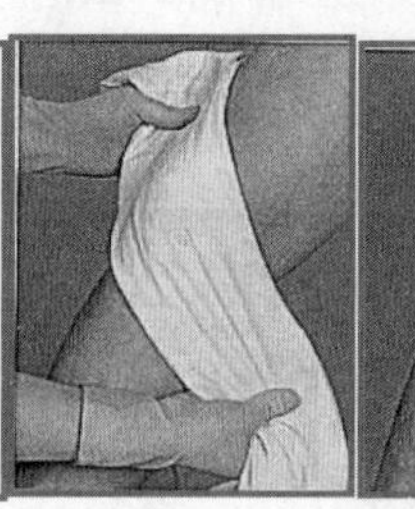

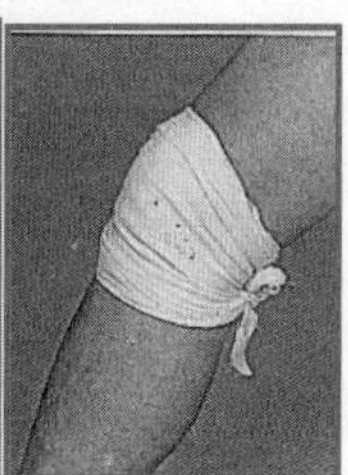

绷带包扎法—膝关节包扎
（视频文件）

图 4. 2. 17　膝（肘）部包扎

9）下颌包扎法

将三角巾折叠成约四横指宽的带形，取 1/3 处托住下颌，长端经耳前绕过头顶至对侧耳前上方，与另一端交叉，然后分别绕至前额及枕后，于对侧打结固定，如图 4. 2. 18 所示。

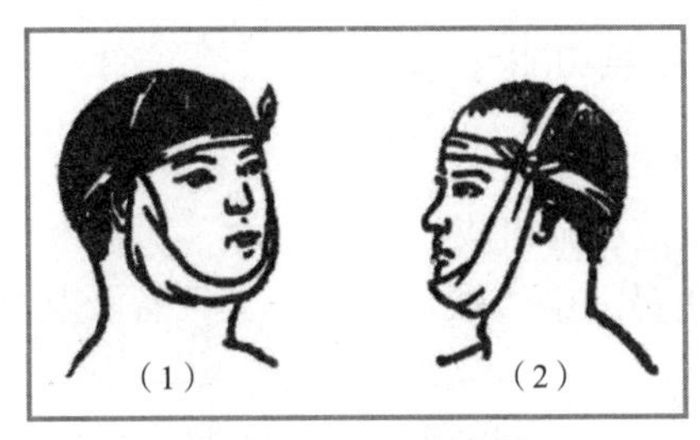

图 4.2.18　下颌包扎

10）颈部包扎法

将健侧的手放在头顶上，上臂做支架，或以健侧的腋下做支架，再以绷带卷或三角巾进行包扎，切不可绕颈做加压包扎，以免压迫气管和对侧颈动脉，如图 4.2.19 所示。

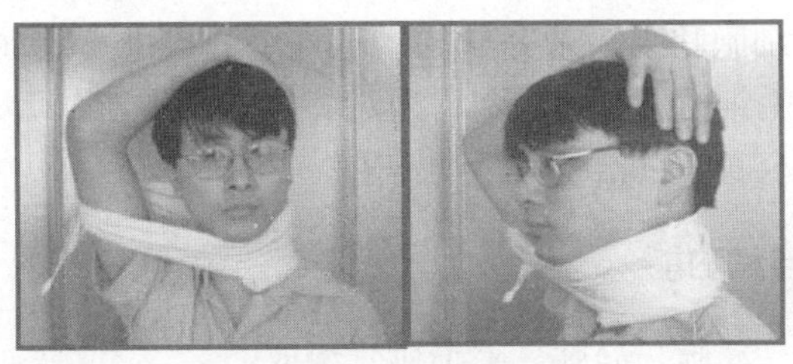

头眼颈部包扎方法
（视频文件）

图 4.2.19　颈部包扎

任务三　心搏呼吸骤停伤员急救

心肺复苏（Cardio Pulmonary Resuscitation，CPR）是最基本和最重要的抢救呼吸、心搏骤停者生命的医学方法，可以通过徒手辅助设备及药物来实施，以维持人工循环、呼吸和纠正心律失常。本书重点介绍徒手心肺复苏。

为了能使更多心搏骤停患者获救成功，非常有必要让更多人接受 CPR 的学习和培训，使之成为应急救护的主力。目前认为，高质量 CPR 是自主循环恢复后获得最佳预后的基石，挽救生命并且恢复正常功能状态是 CPR 的终极目标。

一、心肺复苏的基础知识

在日常生活中，心脏急症是发生心搏骤停最常见的原因，许多意外伤害如电击、淹溺、中毒及严重创伤等都可导致呼吸、心搏骤停。一旦发现发生心搏骤停者，必须争分夺秒，采取现场心肺复苏，才有可能挽救心搏骤停者生命。

心肺复苏的认识（视频文件）

（一）呼吸系统与其功能

1. 呼吸系统的解剖结构

呼吸系统由呼吸道和肺组成。

（1）呼吸道：由鼻、咽、喉、气管、支气管及其分支组成，是气体进出的通道。

（2）肺：为气体交换的器官，位于胸腔内，纵隔的两侧，分为左、右肺。

（3）膈肌：分隔胸腔与腹腔，是重要的呼吸肌。膈肌收缩时胸腔扩大，空气进入肺内；舒张时胸腔缩小，肺内气体呼出。

2. 呼吸的生理功能

机体的呼吸过程是通过外呼吸（肺呼吸）、氧气在血液内通过血红蛋白携带运输、内呼吸（细胞呼吸）来完成的。氧气由肺泡进入毛细血管，组织呼出的二氧化碳从毛细血管到达肺泡，通过肺“吐故纳新”后，心脏将富含氧的血液输送到全身，供给生命活动需求。

（二）心血管系统与其功能

心血管系统由心脏、动脉、静脉、毛细血管组成。

1. 心脏的结构

心脏是一个肌性收缩器官，位于胸腔纵隔内，周围裹以心包。心脏内包含 4 个腔，即左、右心房，左、右心室，如图 4.3.1、图 4.3.2 所示。心脏如同“动力泵”，推动血液定向流动。

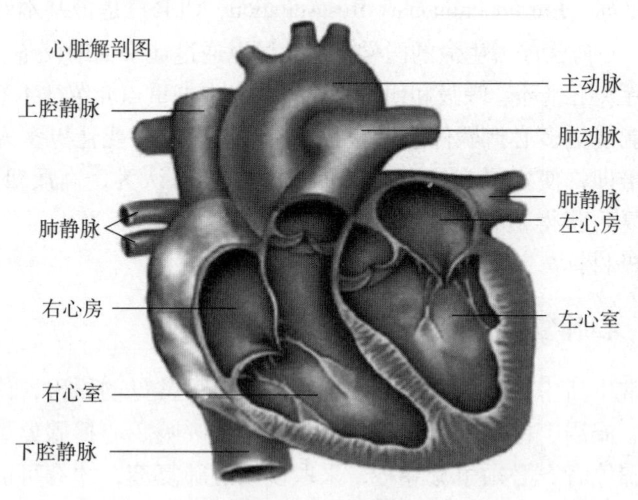

图 4.3.1　心脏

心肌的生理特征：心肌组织具有兴奋性、自律性、传导性和收缩性 4 种生理特征。心脏的传导系统由特殊的心肌细胞构成，其功能是产生并传导冲动，维持心脏的正常节律，包括窦房结、房室结、房室束及浦肯野纤维。

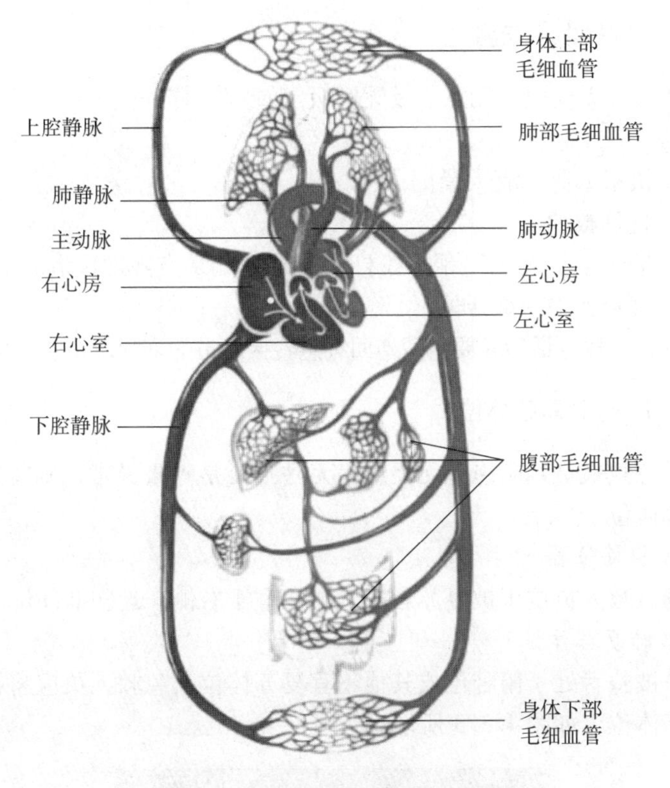

图 4.3.2　体循环和肺循环示意图

2. 血液循环

（1）体循环：由左心室搏出携带氧气和营养物质的动脉血液，经主动脉及其各级分支流向全身毛细血管，通过毛细血管完成组织内气体和物质交换，将代谢产物及二氧化碳汇入小静脉，经上、下腔静脉流入右心房。

（2）肺循环：回到右心房的静脉血液由右心室搏出，经肺动脉至毛细血管网进行气体交换，再将富含氧的动脉血液经肺静脉汇入左心房。

（3）毛细血管：介于小动脉和小静脉之间，构成毛细血管网，在此进行血液与组织间气体及物质交换。

二、 现场心肺复苏的程序及操作技术

现场急救人员首先应对患者有无反应、意识、呼吸和循环体征做出基本判断。只要发现无意识、无呼吸（包括异常呼吸）时，立即向 EMSS 求救后开始心肺复苏。

（一） 识别判断

只要发病地点不存在危险，并适合实施心肺复苏，应就地抢救。

判断成人意识：轻拍患者双肩，并大声呼叫：“你怎么了?”。患者无动作或应声，即判断为无反应、无意识。

判断婴儿意识：拍击足底。

（二）呼叫、求救

发现患者无反应、无意识及无呼吸（或叹息样呼吸）时，应立即高声呼叫：

（1）快来人呀，有人晕倒了！

（2）我是救护员。

（3）请先生（女士）帮忙拨打“120”，如果有除颤仪请取来。

（4）有会救护的请帮忙。

在拨通急救电话后，要清楚地回答急救接线员的询问，并进行简要说明。

（三）心肺复苏体位

如果急救人员判断患者无反应、无呼吸或是呼吸异常，则将患者置于心肺复苏体位。

1. 救护员位置

现场急救人员位于被复苏者的一侧，宜于右侧，近胸部部位。

2. 心肺复苏体位

如果被救者处于俯卧位或其他不宜复苏体位，急救人员应将被救者翻转为复苏体位，如图 4. 3. 3 所示。

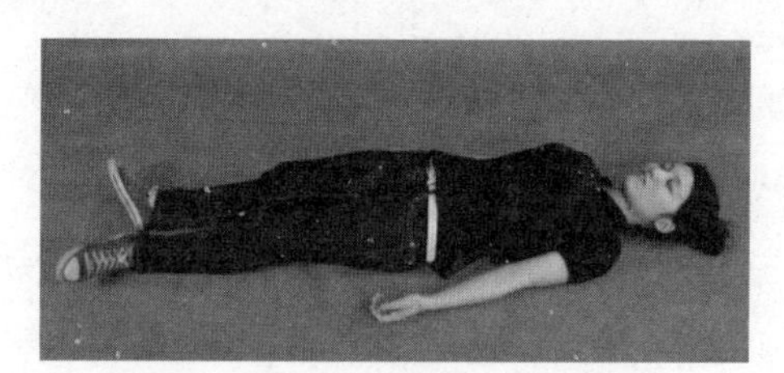

图 4. 3. 3　心肺复苏体位示意图

（四）徒手心肺复苏

1. 胸外心脏按压

（1）确定按压部位。

①两乳头连线中点，如图 4. 3. 4 所示。

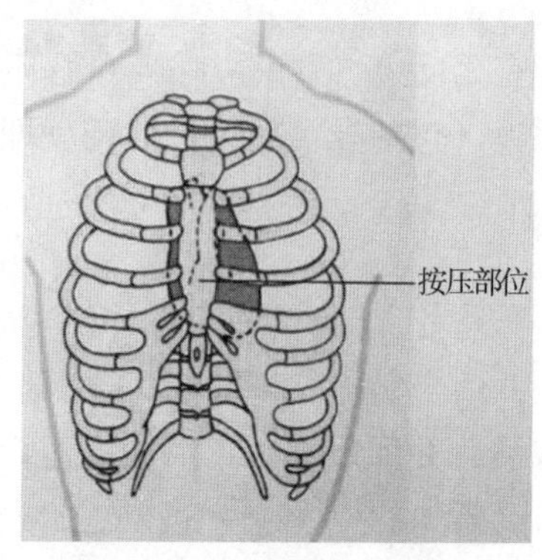

图 4. 3. 4　按压部位示意图

拯救生命之心肺复苏（微课）（视频文件）

②难以准确判断乳头位置时（如体形肥胖、乳头下垂等），可采用滑行法。

（2）双手十指相扣，一手掌紧贴患者胸壁，另一手掌重叠放在此手背上，手掌根部长轴与胸骨长轴确保一致，有力地压在胸骨上，如图 4. 3. 5 所示。

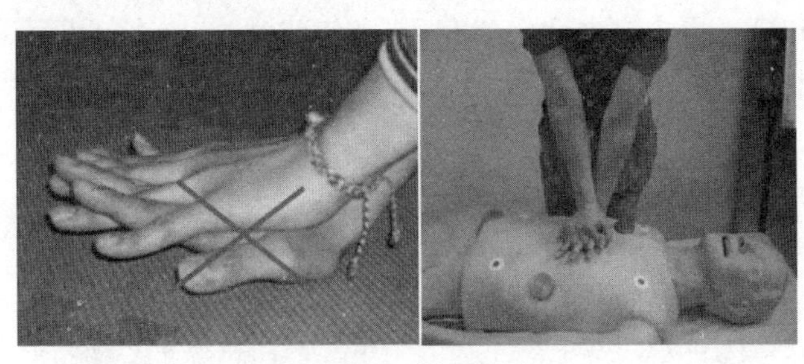

图 4. 3. 5　按压手法

（3）肘关节伸直，上肢呈一直线，双肩位于手上方，以保证每次按压的方向与胸骨垂直，如图 4. 3. 6 所示。

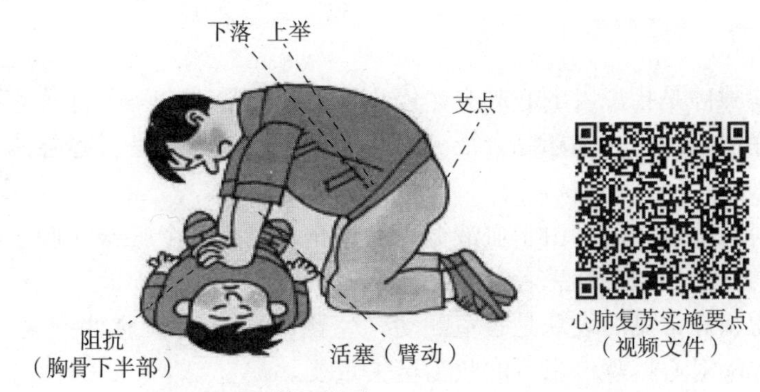

图 4. 3. 6　按压姿势

（4）对正常体形的患者，按压胸壁的下陷幅度至少应为 5 cm，但不超过 6 cm。

（5）每次按压后放松，使胸廓恢复到按压前位置。放松时双手不离开胸壁，连续 30 次按压。

（6）按压频率为 100 ~ 120 次/分钟。

（7）按压与放松间隔比为 1∶1。

2. 人工呼吸（口对口吹气）

按压 30 次后，观察患者口中有无异物，如有，将异物取出。

（1）仰头举颏法。将气道打开，确保气道开放通畅。

（2）口对口吹气。救护员用手捏住患者鼻孔，防止漏气，用口把患者口完全罩住，缓慢吹气 2 次，每次吹气应持续 1 s，确保通气时可见胸廓起伏。吹气不可过快或过度用力，推荐潮气量为 500 ~ 600 mL。

（3）以 30∶2 的按压∶通气比例，进行 5 组 CPR 重新评价。

3. 复原体位

如患者自主呼吸及心搏已恢复，应将其翻转为复原体位，随时观察生命体征。

4. 继续心肺复苏

如患者自主呼吸、心搏未恢复，继续心肺复苏。

5. 其他特殊情况

对淹溺或其他因窒息原因所致心搏骤停者，应立即进行 2 min 急救（约5组 CPR），再去打电话。如有 2 人以上在场，一人打电话，另一人马上实施心肺复苏。

伤员复原体位实操演练

心脏复苏正确操作流程
（视频文件）

三、 自动体外除颤器（AED）

（一） 心搏骤停

心搏骤停是指患者的心脏突然停止搏动，在瞬间丧失了有效的泵血功能，从而引发一系列临床综合征。急病、创伤、中毒等是引起心搏骤停的常见原因。

心搏骤停发生后，由于血液循环的停止，全身各个脏器的血液供应在数十秒内完全中断，使患者处于临床死亡阶段。

心搏骤停常见的表现是心室颤动（室颤，VF）和无脉性室速（VT），早期电除颤对心搏骤停患者的救治至关重要。

（二） AED 的使用操作

（1）打开电源开关，按语音提示操作。

（2）AED 电极片安置部位。电极片安放关系到除颤的效果，心尖部电极应安放在左腋前线之后第五肋间处，另一片电极放置在胸骨右缘、锁骨之下，如图 4.3.7 所示。婴儿及儿童使用 AED 时应采用具有特殊电极片的 AED，安放电极片的部位可在左腋前线之后第五肋间处，及胸骨右缘、锁骨之下，也可在胸前正中及背后左肩胛处。

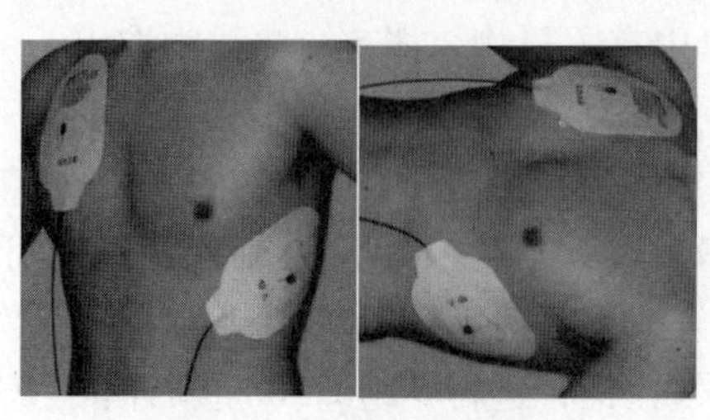
图 4.3.7 电极片安放位置

自动体外除颤器
（AED使用方法）（视频文件）

（3）救护员要示意周边人员都不要接触患者，等候 AED 分析心律后判断是否需要电除颤，如图 4.3.8 所示。

（4）救护员得到除颤信息后，等待充电，确定所有人员未接触患者后，准备除颤。

（5）按键钮电击除颤，如图 4. 3. 9 所示。

图 4. 3. 8　示意躲开患者

图 4. 3. 9　除颤

（6）继续心肺复苏 2 min 后，AED 将再自动分析心律。

四、 气道异物梗阻

气道异物梗阻是一种急症，如不及时治疗，严重者数分钟内即可导致窒息甚至死亡。

（一） 气道异物梗阻的病因和判断

任何人突然发生心搏骤停都应考虑到气道异物梗阻，尤其是在年轻人呼吸突然停止，出现发绀，无任何原因的意识丧失时。婴儿和儿童的窒息多发生在进食中，或由于非食物原因，如硬币、果核、果冻或玩具等。

（二） 气道异物梗阻的表现

患者表现为突然的剧烈呛咳、反射性呕吐、声音嘶哑、呼吸困难、发绀，常常不由自主地以一手紧贴于颈前喉部，如图 4. 3. 10 所示。

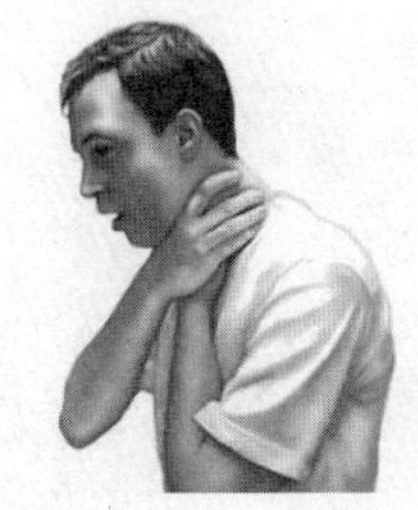

图 4. 3. 10　“V”形手势

气道梗阻的认识
（视频文件）

（1）完全性气道异物梗阻，即较大的异物堵住喉部、气道处：患者会出现面色灰暗、发绀，不能说话，不能咳嗽，不能呼吸，昏迷倒地，窒息，呼吸停止。

（2）不完全性气道异物梗阻：患者有咳嗽、喘气或咳嗽微弱无力、呼吸困难，张口吸气时可以听到异物冲击性的高啼声；面色青紫，皮肤、甲床和口腔黏膜发绀。

（三）现场急救原则

询问意识清楚的患者：“你被卡（呛）了吗?”如点头告知，同意救治，现场即刻实施救治，同时尽快呼叫，寻求帮助，拨打急救电话，如图4.3.11所示。

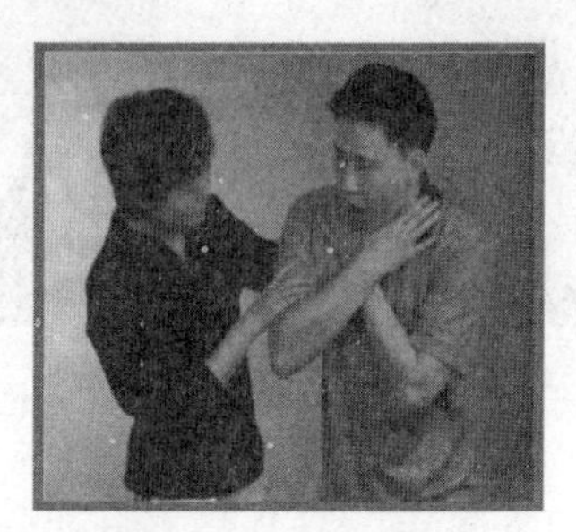

图4.3.11 询问患者

（四）气道异物梗阻急救方法

1. 背部叩击法

此法适用于意识清楚，有严重气道梗阻症状患者，如图4.3.12所示。

（1）鼓励患者大声咳嗽。

（2）救护员站到患者一边，稍靠近患者身后。

（3）用一只手支撑胸部，排除异物时让患者前倾，使异物能从口中出来，而不是顺气道下滑。

（4）用另一只手的掌根部在两肩胛骨之间进行5次大力叩击。

（5）背部叩击法最多进行5次，但如果通过叩击能减轻梗阻，不一定每次都要做满5次。

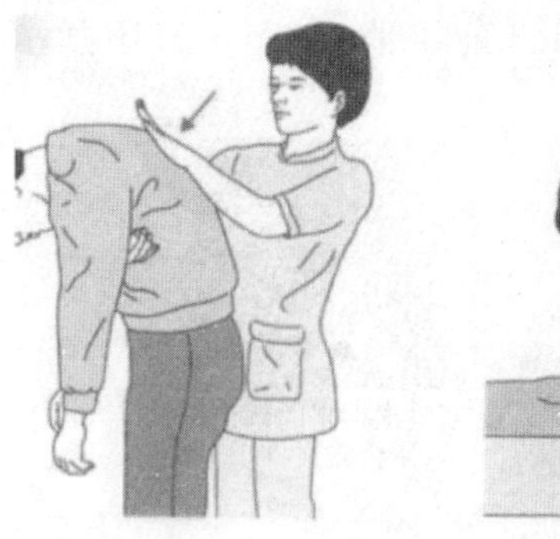

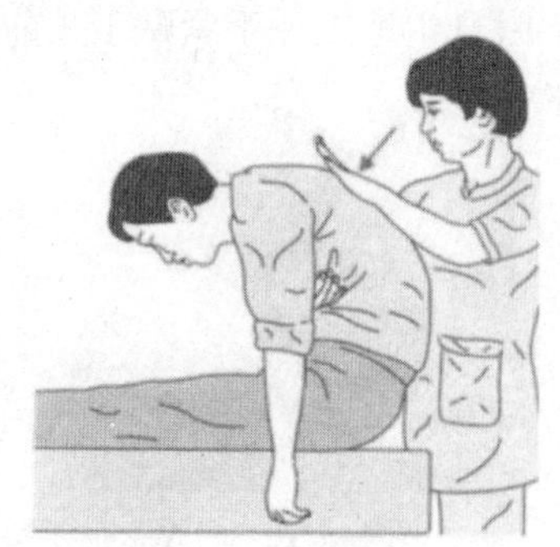

图4.3.12 背部叩击

2. 腹部冲击法

（1）自救腹部冲击法：适用于不完全气道梗阻患者，意识清醒，而且具有一定救护知识、技能的人，如图4.3.13所示。

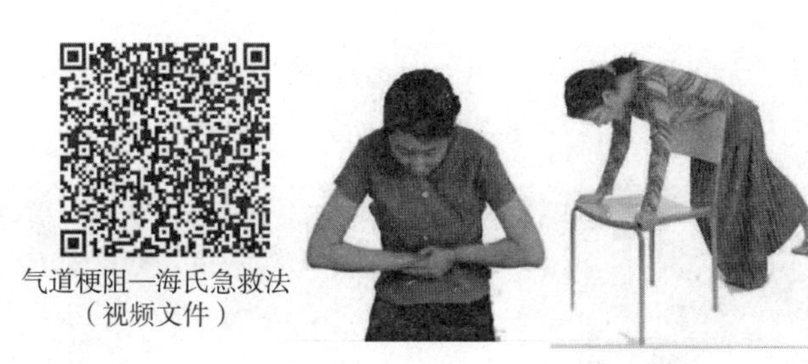

图 4. 3. 13　自救腹部冲击

①患者本人可手握空心拳，用拳头拇指侧抵住腹部剑突下脐上腹中线部位。

②另一只手紧握此拳头，用力快速将拳头向上、向内冲击 5 次，每次冲击动作要明显分开。

③还可选择将上腹部抵压在坚硬的平面上，如椅背、桌缘、走廊栏杆，连续向内、向上冲击 5 次。重复操作若干次，直到把气道内异物清除为止。

（2）互救腹部冲击法（海氏冲击法）：适用于意识清醒，伴严重气道梗阻症状，5 次背部叩击法不能解除气道梗阻的患者，如图 4. 3. 14 所示。

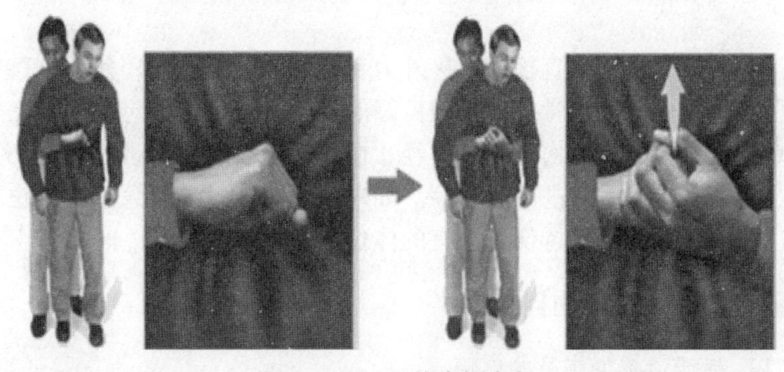

图 4. 3. 14　互救腹部冲击

①患者立位或坐位。

②救护员站在患者身后，双臂环绕患者腰部，令其弯腰，头部前倾。

③救护员一只手握空心拳，握拳手的拇指侧紧抵患者剑突和脐之间。

④另一只手抓紧此拳头，用力快速向内、向上冲击。重复 5 次，如果梗阻没有解除，继续交替进行 5 次背部叩击法。

3. 胸部冲击法

此法适用于不宜采用腹部冲击法的患者，如孕妇和肥胖者等，如图 4. 3. 15 所示。

（1）救护员站在患者的背后，两臂从患者腋下环绕其胸部。

（2）一只手握空心拳，拇指置于患者胸骨中部，注意避开肋骨缘及剑突。

（3）另一只手紧握此拳向内、向上有节奏冲击 5 次。

4. 胸部按压法

此法适用于无意识或在腹部冲击时发生意识丧失的气道梗阻患者。其操作方法同成人心肺复苏，如图 4.3.16 所示。

图 4.3.15　胸部冲击

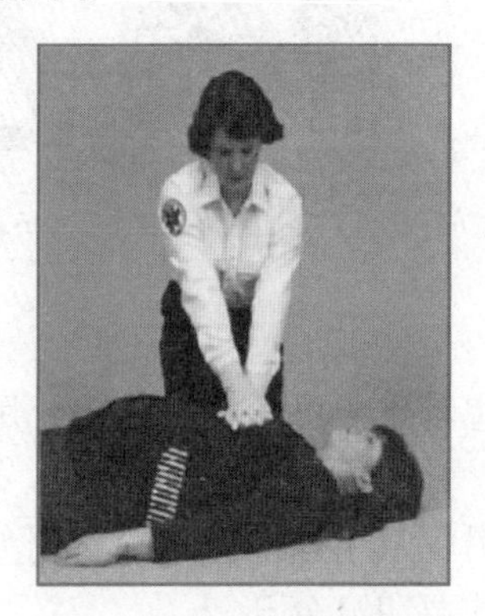

图 4.3.16　胸部按压

（1）患者仰卧位，救护员位于患者一侧。

（2）按压部位与心肺复苏时胸外心脏按压部位相同。

任务四　现场伤员骨折固定

骨的完整性由于受直接、间接外力和积累性劳损等作用使其完整性和连续性发生改变，称为骨折。正确良好的现场骨折固定能迅速减轻伤员伤痛，减少出血，防止损伤脊髓、神经、血管等重要组织，也是搬运伤员的基础，有利于转运后的进一步治疗。如果现场安全，专业急救人员也能很快到达的情况下，应保持伤员原有的体位不动（制动）。

一、骨折固定的目的

（1）制动，减少伤员的疼痛。

（2）避免损伤周围组织、血管、神经。

（3）减少出血和肿胀。

（4）防止闭合性骨折转化为开放性骨折。

（5）便于搬运伤员。

二、骨折判断

（1）疼痛：突出表现是剧烈疼痛，移动时有剧痛，安静时则疼痛减轻。

（2）肿胀或瘀斑：出血和骨折端的错位、重叠，都会使外表呈现肿胀现象，瘀斑严重。

（3）功能障碍：原有的运动功能受到影响或完全丧失。

（4）畸形：骨折时肢体会发生畸形，呈现短缩、成角、旋转等。

（5）看是否出血、骨折，注意耳道、鼻孔有无液体流出，若流出可初判为颅骨骨折。

（6）询问疼痛部位，观察胸部的形状、呼吸动度。救护人员双手放在伤员胸部的两侧，然后稍加用力挤压，如有疼痛可初判为肋骨骨折。

（7）观察有无伤口、内脏脱出及腹部压痛部位。

（8）询问疼痛部位，双手放于伤员骨盆的两侧向中心挤压，若有压痛可初判为骨盆骨折。

（9）询问疼痛部位，观察是否有肿胀、畸形和异常活动，如有可初判为骨折。

（10）保持伤员平卧位，用手指从上到下按压颈部后正中，如有压痛可初判为颈椎骨折。

（11）持脊柱轴线位侧翻伤员，用手指从上到下沿后正中线按压，如有压痛可初判为脊柱骨折。

（12）检查脊柱及脊髓功能，可以叫伤员活动手指和脚趾，如无反应可初判为瘫痪。

三、固定材料

颈托、脊柱板、夹板、铝芯塑型夹板、头部固定器等，就地取材（杂志、硬纸板、报纸等）。

四、固定原则

现场环境安全，救护人员做好自我防护。

（1）检查伤员意识、呼吸、脉搏，并处理严重出血情况。

（2）用绷带、三角巾、夹板固定受伤部位。夹板与皮肤、关节、骨突出部位之间要加衬垫。

（3）夹板的长度应能将骨折处的上、下关节一同加以固定。

（4）固定时，在可能的条件下，上肢为屈肘位，下肢呈伸直位。

（5）骨断端暴露的，不要拉动，不要送回伤口内；开放性骨折的，现场不要冲洗，不要涂药，应该先止血，包扎后再固定。

（6）暴露肢体末端以便观察末梢循环。

（7）固定伤肢后，如有可能应将伤肢抬高。

五、固定方法

根据现场的条件和骨折的部位采取不同的固定方式。固定要牢固，不能过松或过紧。在骨折和关节突出处要加衬垫，以加强固定和防止皮肤损伤。

根据伤情选择固定器材，必要时将受伤上肢固定于躯干，将受伤下肢固定于健肢。

操作要点：

（1）置伤员于适当位置，就地施救。

（2）夹板与皮肤、关节、骨突出部位之间应加衬垫。

（3）先固定骨折的上端（近心端），再固定下端（远心端），绑带不要系在骨折处，骨折两端应该分别固定至少两条固定带。

（4）前臂、小腿部位的骨折，尽可能用两块夹板固定。

（5）上肢为屈肘位（除外肘关节不能屈），下肢呈伸直位。

（6）暴露指（趾）端，便于检查末梢血液循环。

下面针对具体部位骨折介绍相应的固定方法。

（一）上肢骨折固定

1. 上臂骨折固定（肱骨干骨折固定，见图 4.4.1）。

（1）铝芯塑型夹板固定。

（2）躯干固定：现场无夹板或其他可利用物时，可将伤肢固定于躯干。

①伤员屈肘位，用大悬臂带悬吊伤肢。

②伤肢与躯干之间加衬垫。

③用宽带将伤肢固定于躯干。

④检查末梢血液循环。

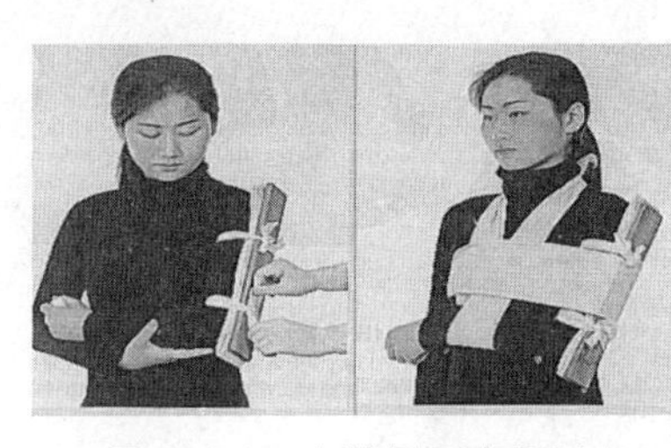

腕骨骨折固定方法
（视频文件）

图 4.4.1　上臂骨折夹板固定

2. 前臂骨折固定（桡、尺骨骨折固定，见图 4.4.2）

（1）夹板固定。

（2）躯干固定：与上臂骨折固定方法相同，制动带可稍窄。

（3）衣服固定：用衣服托起伤肢，将伤肢固定于躯干。

图 4.4.2　前臂骨折固定

前臂中段闭合性骨折固定方法
（微课）（视频文件）

（二）下肢骨折固定

1. 大腿骨折（股骨干骨折）健肢固定（见图4.4.3）

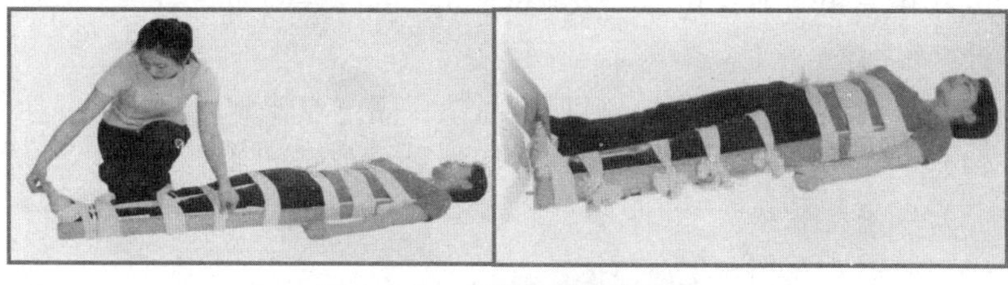

图4.4.3　大腿骨折健肢固定

大腿中段闭合性骨折固定方法（微课）（视频文件）

（1）用三角巾、绷带、布带等四条宽带自健侧肢体膝下、踝下穿入，将双下肢固定在一起。

（2）在两膝、两踝及两腿间隙之间垫好衬垫，依次固定骨折上、下两端，小腿、踝部、固定带的结打在健侧肢体外侧。

（3）“8”字法固定足踝。

（4）趾端露出，检查末梢血液循环。

2. 小腿骨折固定（胫、腓骨骨折固定）

其固定方法与大腿骨折固定相同，可用四条宽带或三角巾固定，先固定骨折上、下两端，然后固定大腿，踝关节采用“8”字法固定。

小腿中段闭合性骨折固定方法（微课）（视频文件）

（三）脊柱骨折固定

脊柱常因直接暴力或间接暴力引起损伤，造成骨折或脱位，若损伤脊髓及马尾神经，常引起截瘫和大小便失禁。非专业人员若没有经过严格的培训，不主张移动伤员，应该立即拨打急救电话等待专业医护人员进行处理。

（四）骨盆骨折固定

车祸、高空坠落、塌方砸伤等往往可造成骨盆骨折。骨盆骨折常合并内脏损伤，因骨盆血液丰富，骨折后易发生大出血。骨盆骨折固定方法如图 4.4.4 所示。

（1）环境要安全，救护员要做好自我防护。

（2）用三角巾或代用品（衣服、床单、桌布等）自伤员腰下插入后向下抻至臀部。

（3）将伤员双下肢屈曲，膝间加衬垫，固定双膝。

（4）三角巾由后向前包绕臀部并捆扎紧，在下腹部打结固定。

（5）膝下垫软垫。

（6）随时观察伤员生命体征。

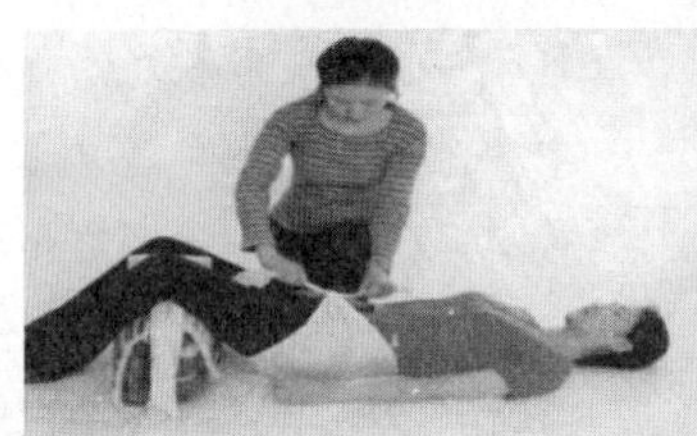

骨盆骨折固定方法（微课）（视频文件）

图 4.4.4　骨盆骨折固定

六、 关节脱位与扭伤

关节脱位又称为脱臼，指的是组成关节的骨之间部分或完全失去正常的对合关系。关节脱位多由于外力撞击或肌肉猛烈牵拉引起。关节脱位多见于肩关节、肘关节、颞下颌关节和指关节，常合并韧带损伤。

救护方法如下：

（1）扶伤员坐下或躺下，尽量舒适。

（2）不要随意搬动或揉受伤的部位，以免加重损伤。

（3）用毛巾浸冷水或用冰袋冷敷肿胀处 30 min 左右。

（4）按骨折固定的方法固定伤处。在肿胀处可用厚布垫包裹，用绷带或三角巾包扎固定时应尽量宽松。

（5）在可能的情况下垫高伤肢。

（6）每隔 10 min 检查一次伤肢远端血液循环。

（7）尽快送伤员到医院检查、治疗，必要时拨打急救电话。

（8）受伤后 72 h 内不要热敷受伤部位。

七、 骨折固定注意事项

开放性骨折禁止用水冲洗，不涂药、保持伤口清洁；肢体如有畸形，可按畸形位置固定；临时固定的作用只是制动，严禁当场整复；重视颈、腰椎骨折的处理，防止加重伤情；开放性骨折禁止用水冲洗，不可涂药，保持清洁；不取出扎入的异物，在其两侧包扎固定。

（1）急救时要注意伤员的全身情况，如果发现骨折处有出血的伤口，应先止血，后骨折固定。如有休克，应先抗休克。

骨折固定方法及
注意事项（视频文件）

（2）处理骨折时，动作要轻，不要乱动骨折部位，以防刺伤血管和神经。

（3）首先要固定骨折的上下两端，然后固定关节部位，并在骨突处加上棉垫。

（4）四肢骨折固定时要露出指和趾，以便观察血液循环。如发现指（趾）端苍白青紫，说明包扎过紧，要放松一些。

（5）骨折固定后应挂上标记，并写明骨折时间。

（6）固定用的材料，其长度和宽度要与伤体相适应。

（7）完全断离的肢体，用加压包扎法妥善止血。

（8）防暑、保暖。

任务五　现场伤员搬运

如果现场环境安全，救护伤员应尽量在现场进行，在救护车到来之前，以挽救生命，防止伤病恶化。只有在现场环境不安全，或是受局部环境条件限制，无法实施救护时，才可搬运伤员。

现场搬运伤员的正确方法
（微课）（视频文件）

一、搬运护送的目的

（1）使伤员尽快脱离危险区。

（2）改变伤员所处的环境以利于抢救。

（3）安全转送到医院进一步治疗。

二、搬运护送原则

（1）搬运应有利于伤员的安全和进一步救治。

（2）搬运前应做必要的伤病处理（如止血、包扎、固定）。

（3）根据伤员的情况和现场条件选择适当的搬运方法。

（4）搬运护送中应保证伤员安全，防止发生二次损伤。

（5）注意伤员伤病变化，及时采取救护措施。

三、 搬运护送方法

（一）徒手搬运

1. 单人徒手搬运法

1）扶行法

扶行法适用于清醒、没有骨折、伤势不重、能自己行走的伤病者。

救护者站在伤病者身旁，将其一侧上肢绕过救护者颈部，救护者用手抓住伤病者的手，另一只手绕到伤病者背后，搀扶行走，如图 4.5.1 所示。

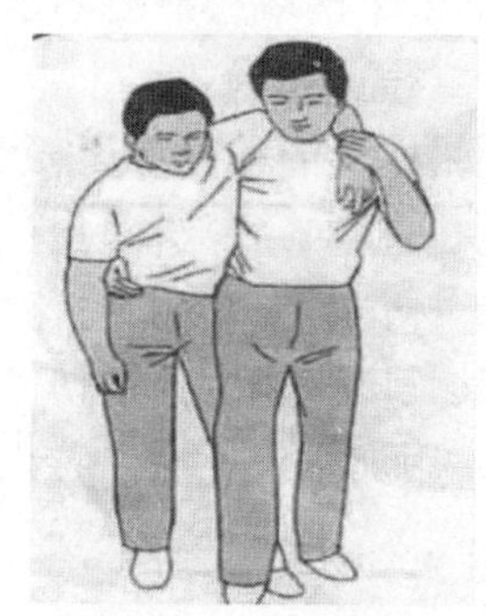

图 4.5.1 扶行法

2）背负法

背负法适用于老幼、体轻、清醒的伤病者。救护者朝向伤病者蹲下，让伤病者将双臂从救护者肩上伸到胸前，两手紧握。救护者抓住伤病者的大腿，慢慢站起来，如图 4.5.2 所示。如有上、下肢骨折和脊柱骨折的不能用此法。

徒手搬运—背负法
（视频文件）

图 4.5.2 背负法

3）拖行法

（1）腋下拖行法，如图 4.5.3 所示。

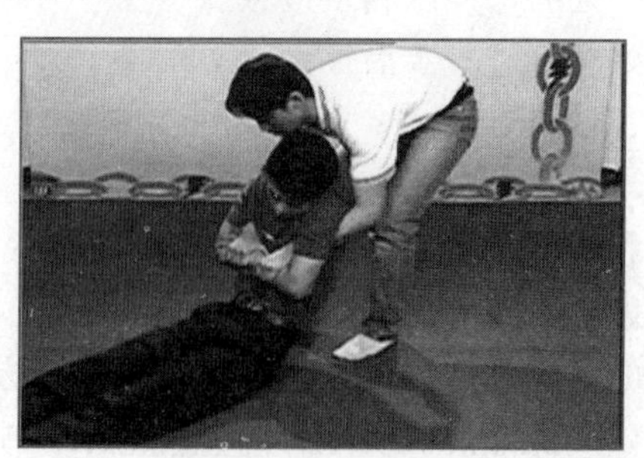

图 4.5.3 腋下拖行法

（2）衣服拖行法，如图 4. 5. 4 所示。

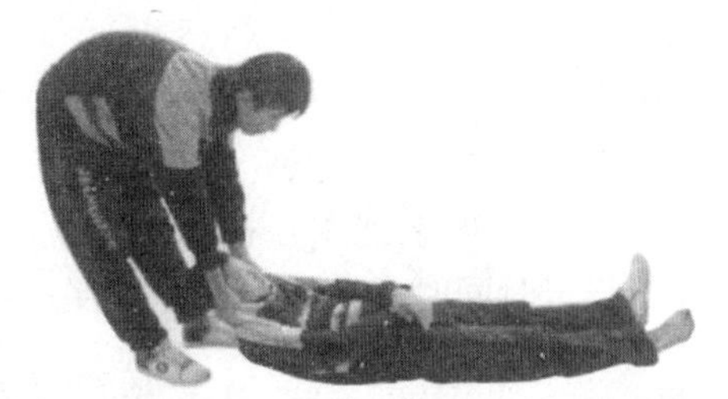

图 4. 5. 4　衣服拖行法

（3）毛毯拖行法，如图 4. 5. 5 所示。

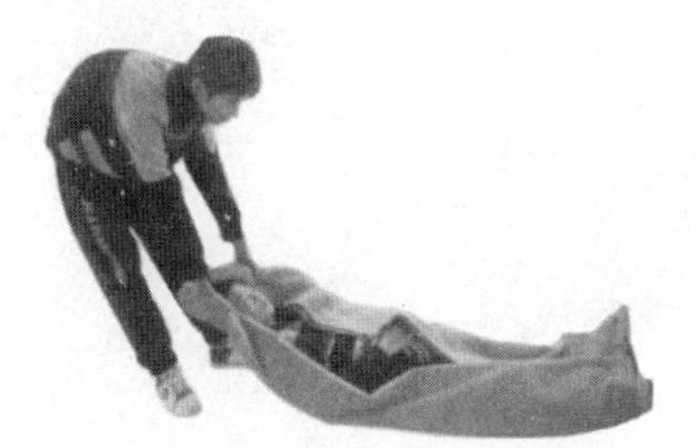

徒手搬运—拖行法
（视频文件）

图 4. 5. 5　毛毯拖行法

4）抱持法

抱持法适用于年幼伤病者。对于体轻者，没有骨折、伤势不重的情况，该法是短距离搬运的最佳方法。

救护者蹲在伤病者的一侧，面向伤病者，一只手放在伤病者的大腿下，另一只手绕到伤病者的背后，然后将其轻轻抱起，如图 4. 5. 6 所示。如有脊柱或大腿骨折，禁用此法。

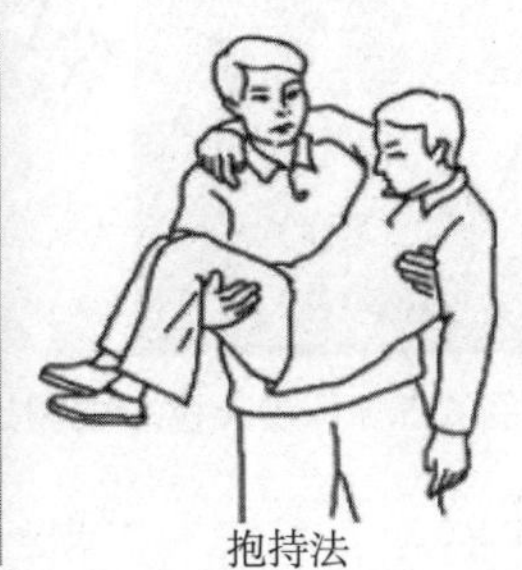

抱持法

徒手搬运—抱持法
（视频文件）

图 4. 5. 6　抱持法

5）爬行法

爬行法适用于在狭窄空间或浓烟的环境下，适用于清醒或昏迷伤者，如图 4. 5. 7 所示。

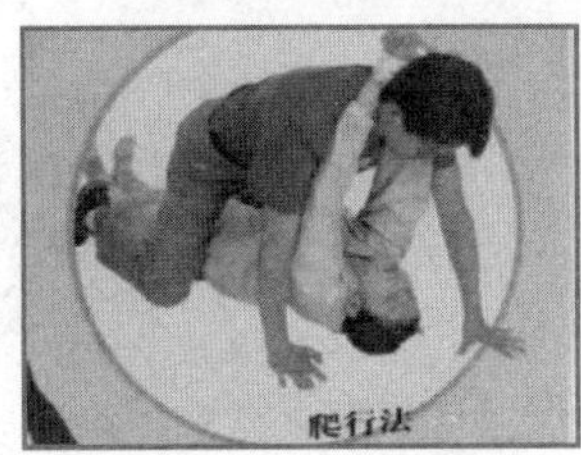

徒手搬运—爬行法
（视频文件）

图 4. 5. 7　爬行法

2. 双人徒手搬运法

1）轿杠式搬运法

轿杠式搬运法适用于清醒伤病者。两名救护者面对面各自用右手握住自己的左手腕。再用左手握住对方右手腕，然后蹲下，让伤病者将两上肢分别放到两名救护者的颈后，再坐到相互握紧的手上，如图 4. 5. 8 所示。两名救护者同时站起，行走时同时迈出外侧的腿，保持步调一致。

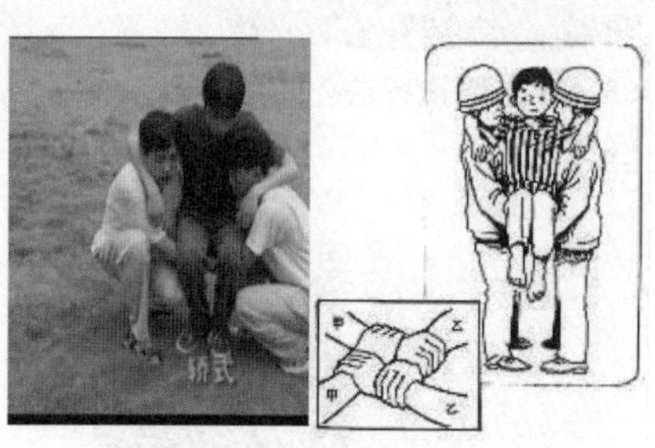

徒手搬运—轿杠式搬运法
（视频文件）

图 4. 5. 8　轿杠式搬运法

2）双人拉车式搬运法

双人拉车式搬运法适用于意识不清的伤病者。两名救护者，一人站在伤病者的背后将两手从伤病者腋下插入，把伤病者两前臂交叉于胸前，再抓住伤病者的手腕，把伤病者抱在怀里，另一人反身站在伤病者两腿中间将伤病者两腿抬起，两名救护者一前一后地行走，如图 4. 5. 9 所示。

图 4. 5. 9　双人拉车式搬运法

3. 三人平托式

两名救护者站在伤病者的一侧，分别用手托住伤病者的肩、腰、臀部、膝部，第三名救护者站在对面，在伤病者的臀部，两臂伸向臀下，握住对方救护者的手腕。三名救护者同时单膝跪地，分别抱住伤病者肩、后背、臀、膝部，然后同时站立抬起伤病者，如图 4. 5. 10 所示。

图 4. 5. 10　三人平托式

（二）使用器材搬运

担架是运送伤员最常用的工具，担架种类很多。一般情况下，对肢体骨折或怀疑脊柱受伤的伤病员都需使用担架搬运，可使伤病员安全，避免加重损伤。

1. 常用担架

（1）折叠铲式担架：可双侧打开，将伤病员铲入担架，常用于脊柱损伤、骨折伤病员的搬运。

（2）脊柱板：用于脊柱损伤、骨折损伤的现场搬运，如图 4.5.11 所示。

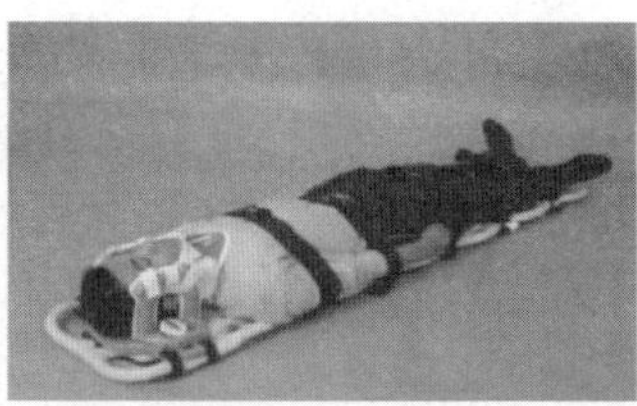

脊柱骨折搬运法（微课）（视频文件）

图 4.5.11　脊柱板搬运法

（3）帆布担架：用于无脊柱损伤、无骨盆或髋部骨折的伤病员。

担架搬运法（视频文件）

2. 自制担架

（1）木板担架：可用木板、床板等制作。

（2）毛毯担架：可用床单、被罩、雨衣等替代。

（3）椅子担架：可用椅子替代。

椅子搬运法（视频文件）

项目五

电力安全生产事故处理

项目引入

某电力公司水城中心站带班兼监护人、操作人到某站进行#2 主变压器和城柏 3511 停电操作。当城柏 3511 线（电缆）改冷备用后，操作人验明城柏 3511 线无电，未进行放电即爬上梯子准备挂接地线，监护人未及时纠正其未经放电就挂接地线这一违章行为。这时操作人人体碰到城柏 3511 线路电缆头处，发生了电缆剩余电荷触电事故，造成重大人身死亡事故。

知识准备

通过对发生电力作业事故原因的分析和防范措施的制定，牢固树立安全责任心，强化遵守安全工作规程的能动性，通过对典型习惯性违章案例的处理强化安全工作意识。

项目目标

（1）能够界定安全事故类别。

（2）能根据发生的某电力作业人身伤亡事故，对事故原因进行分析，提出防范措施。

（3）能根据某电力设备安全事故，对事故原因进行分析，提出防范措施。

（4）掌握事故调查的组织与分析、事故隐患的排查方法。

（5）具有提出隐患排查和事故处理有效对策的能力。

知识链接

任务一　电力安全生产事故案例分析

电力系统事故是指由于电力系统设备故障或人员工作失误而影响电能

供应数量或质量超过规定范围的事件。

电力系统事故依据事故范围大小可分为两大类，即局部事故和系统事故。

局部事故是指系统中个别元件发生故障，使局部地区电压发生变化，用户用电受到影响的事件。系统事故是指系统内主干联络线路跳闸或失去大电源，引起全系统频率、电压急剧变化，造成供电电能数量或质量超过规定范围，甚至造成系统瓦解或大面积停电的事件。如果因小系统事故或设备故障造成线路或电气元件的断路器跳闸，现场运行人员对这类事故往往是根据调度的命令进行处理的。

引起电力系统事故的原因是多方面的，如自然灾害（雷击、树障、山火、覆冰、大风、污闪等）、设备缺陷、管理维护不当、检修质量不好、外力破坏、运行方式不合理、继电保护定值错误（整定计算错误、设备定值错误、定值的自动漂移）、继电保护装置设备损坏、回路绝缘的损坏、二次接线错误、继电保护的误碰与误操作、运行值班员误操作（带负荷分、合隔离开关；带地线合闸；带电挂地线；走错间隔误分、合断路器；误入室内带电间隔；错投保护连接片、漏退保护连接片等）、设备检修后验收不到位、基建期间遗留的问题、设备事故处理不当造成扩大事故等。

生产安全事故应急条例解读
（视频文件）

电力系统发生事故或故障时，将造成电气设备损坏、部分或大面积停电事故，而且大面积停电将严重影响社会生产和生活。因此，在电力系统发生事故或设备发生故障时，及时、准确地处理事故，尽快隔离故障，恢复其他设备送电，减少停电范围将对电力系统的稳定运行起着重要的作用。特别要防止因事故处理不当造成的事故扩大或引起电力系统的解列和振荡。

一、 触电人身事故

案例：线路抢修作业时导线触碰带电线路致触电的人身死亡事故

2012 年 11 月 26 日，在某新建 220 kV 线路施工过程中，发生 1 起因跨越架倒塌，施工人员抢修 10 kV 线路时导线上扬触碰上方带电 35 kV 线路致触电，事故共造成 4 名外包单位作业人员死亡、4 人轻伤。

（一） 事故经过

2012 年 11 月 26 日 6 时 35 分，某 110 kV 变电站的某 10 kV 线路 907 开关跳闸，重合成功，7 时 01 分该线路再次跳闸，重合不成功。11 时左右，配电一部副班长李某带人巡视到该 10 kV 线路的#102—#103 杆段导线时发现有一堆竹子压倒了#102 杆，#99—#103 杆段导线脱落，竹子散落的上方有在建的 220 kV 某线，如图 5. 1. 1 所示，于是运行单位骆某电话联系施工项目部协调人吴某。

生命不能重来对事故说
“NO”（微课）（视频文件）

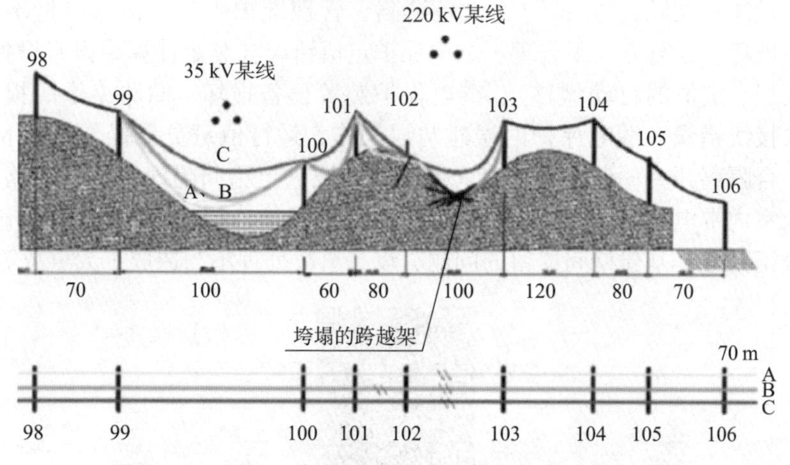

图 5. 1. 1　10 kV 某线路#98—#106 杆段导线受损示意图

12 时 10 分，220 kV 新建线路的施工单位王某、唐某等 4 人到达现场。运行单位骆某向王某提出尽快对受损线路进行修复，之后骆某带领王某等 2 人查看现场，在#100 杆处交代该 10 kV 线路#99—#100 杆间线路上方有 35 kV 线路跨越。王某询问骆某接地线挂设在何处合理，骆某答复在该10 kV线路的#98 和#106 杆处分别挂设一组接地线。李某带领唐某前往#106杆小号侧装设了一组接地线，并装设了标识牌，再与骆某、王某和唐某等人前往#98 杆大号侧装设另一组接地线。

17 时 30 分左右，张某指挥施工人员在原#102 杆处立好新杆。

17 时 50 分左右，施工人员在#102 杆大号侧对#98—#101 杆段导线进行收线。

17 时 55 分左右，从事收线的 8 位施工人员突然触电倒下，王某立即安排张某报 120 及汇报领导，并组织人员对触电者用心肺复苏法进行抢救。

18 时 25 分至 35 分，120 救护车及医务人员到达事故现场并对触电人员进行了抢救，章某（死者）、杨某（死者）、布某（死者）、辛某（死者）4 人经抢救无效死亡。另外，4 名伤者送往医院进行救治。

（二）事故原因

1. 直接原因

施工单位在抢修由其搭建的跨越架倒塌损坏的某10 kV线路过程中，抢修指挥人员忽视了该10 kV线路#99—#100杆段线路上方带电的35 kV线路，未做好风险评估和相应安全措施，在#102杆组织人员收紧小号侧导线时，因#100杆上导线脱落无限位，导致收紧#102小号侧导线时，#99—#101杆之间的导线抬升过程中与上方运行的35 kV线路发生放电，且因#102—#103杆段导线断线，失去了#106杆接地线的保护，导致拉线的8名施工人员发生触电，是本次事故发生的直接原因。

2. 间接原因

施工单位未按技术规范搭建该10 kV线路跨越架，编制的搭建方案和作业指导书缺乏针对性，未按要求进行验收，跨越架因搭建质量不良，发生倒塌。某供电分局在发现受损的该10 kV线路后，未按抢修工作规定组织抢修，未对外施工单位的违规抢修进行有效制止，是本次事故发生的间接原因。

（三）暴露的主要问题

（1）施工单位违章指挥、违章作业。该施工单位长期违规作业，在未告知建设、监理和运行单位的情况下，未办理任何手续，未编制有针对性的施工方案，违章搭设了包括该10 kV线路在内的5个跨越运行线路的跨越架，且未按要求进行跨越架的验收。在组织进行该10 kV线路抢修时，未评估现场作业风险，未对穿越35 kV线路的导线采取限位、装设接地线和派人监护等措施而盲目收线，致使导线上扬与35 kV运行线路安全距离不足放电，造成收线人员触电。

（2）未及时启动配电线路抢修程序，未有效制止施工单位违规开展10 kV受损线路的抢修。该供电局分局在发现10 kV线路受损并找到责任单位后，未按有关管理规定，及时启动配电线路抢修程序。发现损坏线路的责任单位未办理任何抢修申请、审批与许可手续，即对10 kV某线路进行违规抢修时，该分局线路维护人员未及时制止。

（3）执行南方电网公司基建一体化制度不到位。业主项目部未按公司《基建项目承包商管理办法》的要求开展工作，未定期对施工作业指导书、“站班会”和安全施工作业票等执行情况进行抽查，未按要求组织安全检查等。

（4）工程项目现场管理不到位。该业主项目部未能认真履行现场管理职责，未能结合实际对施工方案进行审批，管理人员履职不到位。未对该10 kV线路#102—#103挡的跨越架现场进行勘察及风险辨识，安全检查流于形式。对现场的违规作业没有及时发现并制止。

（5）监理公司未认真履行监理职责。未严格执行《电网公司监理项目部工作手册》，督促施工单位执行施工作业指导书、落实安风体系和开展现场风险辨识与预控；对现场作业人员持证上岗把关不严；未督促施工单位编制 10 kV 线路跨越架搭设专项方案；现场监理人员未调查该 220 kV 线路施工沿线跨越情况，未掌握该线路施工所有搭设的跨越架位置和数量，现场监督检查不到位。

（四）安全操作规程规范及防范措施

（1）《电力建设工程施工安全监督管理办法》（国家发改委第 28 号令）第六条规定：建设单位对电力建设工程施工安全负全面管理责任，具体内容包括：建立健全安全生产监督检查和隐患排查治理机制，实施施工现场全过程安全生产管理；建立健全安全生产应急响应和事故处置机制，实施突发事件应急抢险和事故救援；建立电力建设工程项目应急管理体系，编制应急综合预案，组织勘察设计、施工、监理等单位制定各类安全事故应急预案，落实应急组织、程序、资源及措施，定期组织演练，建立与国家有关部门、地方政府应急体系的协调联动机制，确保应急工作有效实施。

（2）《电力建设工程施工安全监督管理办法》（国家发改委第 28 号令）第二十六条规定：施工单位应当定期组织施工现场安全检查和隐患排查治理，严格落实施工现场安全措施，杜绝违章指挥、违章作业、违反劳动纪律行为发生。

（3）《电力建设工程施工安全监督管理办法》（国家发改委第 28 号令）第三十六条规定：在实施监理过程中，发现存在生产安全事故隐患的，应当要求施工单位及时整改；情节严重的，应当要求施工单位暂时或部分停止施工，并及时报告建设单位。

（4）《电力建设安全工作规程》（DL 5009. 2—2013）7. 1. 1 规定：搭设跨越架，应事先与被跨越设施的单位取得联系，必要时应请其派员监督检查。跨越架的搭设，应由施工技术部门提出搭设方案或施工作业指导书，并经审批后办理相关手续。跨越架应经使用单位验收合格后方可使用。跨越架架体的强度，应能在发生断线或跑线时承受冲击荷载。

（5）《电力建设安全工作规程》（DL 5009. 2—2013）7. 8. 10 规定：展放的绳、线不应从带电线路下方穿过，若必须从带电线路下方穿过，应制定专项安全技术措施并设专人监护。

（6）《电力建设安全工作规程》（DL 5009. 2—2013）8. 2. 4 规定：跨越不停电线路，在架线施工前，施工单位应向运行单位书面申请该带电线路“退出重合闸”，待落实后方可进行不停电跨越施工。

（7）开展抢修工作应做好风险分析和安全措施，防止发生次生灾害。

（8）灾后抢修应办理紧急抢修工作票或相应的工作票，作业前应确认设备状态符合抢修安全措施要求。

（9）作业前应召开现场工前会，由工作负责人（监护人）对工作班组所有人员或工作分组负责人、工作分组负责人（监护人）对分组人员进行安全交代。交代内容包括工作任务及分工、作业地点及范围、作业环境及风险、安全措施及注意事项。被交代人员应准确理解所交代的内容，并签名确认。

（10）现场勘察应查看检修（施工）作业需要停电的范围、保留的带电部位、装设接地线的位置、邻近线路、交叉跨越、多电源、自备电源、地下管线设施和作业现场的条件、环境及其他影响作业的危险点。

（五）问题思考

（1）对跨越架搭设是如何进行验收和安全管控的？

（2）对带电穿（跨）越电力线路施工采取了哪些安全措施？

（3）在应急抢修时采取了哪些安全措施防止发生次生灾害？

二、 高处坠落人身事故

案例：未正确佩戴安全防护用品的验收人员高处坠落的人身死亡事故

2013年7月28日，某500 kV换流站发生一起验收人员高处坠落的人身事故，事故造成一人死亡。

（一）事故经过

2013年7月3日，某局印发了《关于成立某双回±500 kV直流输电工程启动验收组织机构的通知》，验收组织机构中的杨某、牛某均为某局变电管理所信息通信班班员，同为通信及信息专业验收组成员，主要职责是通信及信息方面的启动验收工作。7月25日，某火电公司发现新熔接的某丙线光路9、10、22三个光纤编号对应不上（某丙线进站光缆未验收），于是派人到现场接续盒处核对，牛某经询问施工人员后得知“OPGW光缆保护钢管因深入到接续盒金属本体内，造成绝缘子内有效绝缘距离为零”。牛某将此情况告知杨某。

7月27日，杨某在该局验收例会上，提出25日牛某获知的上述两项缺陷，并提出某丙线的“OPGW余缆架位置偏高，ADSS余缆不应敷设在高处”的问题，会议确认由该局设备部负责协调某火电公司处理。会后，杨某想进一步了解进站光缆接续盒缺陷的具体情况，与牛某商定28日早上去现场查看。

7月28日，该局变电管理所信息通信班班员杨某、牛某根据验收例会上提出的缺陷，对某500 kV换流站某丙线OPGW进站光缆接续盒处缺陷进行查看。

7月28日上午8时30分左右，杨某和牛某在未携带安全带及任何工具的情况下，往待启动的某500 kV换流站某丙线OPGW进站光缆接续盒处查看缺陷，如图5.1.2所示。

7月28日上午8时40分左右，杨某通过龙门架爬梯，登上离地面3.7 m的某丙线OPGW进站光缆接续盒支架工作，牛某在地面配合。在查

图 5.1.2　龙门架爬梯及某丙线光缆接续盒

看过程中，发现打开光缆接续盒需要工具，杨某安排牛某到主控楼通信设备间寻找扳手。牛某随即离开工作现场，留下杨某独自在支架上。

7 月 28 日上午 8 时 50 分左右，正在某丙线龙门架附近做吊车作业准备的左某（某送变电工程公司员工）听到安全帽跌落的物体坠地声音，回头发现有人坠落在地面，身体呈仰卧状态，人与安全帽脱离，如图 5.1.3 所示。

图 5.1.3　坠落现场图片

（a）坠落现场人员位置示意图；（b）帽带及内部缓冲带均完好；
（c）安全帽顶部的轻微擦痕；（d）安全帽顶部侧面的轻微擦痕

左某等人走近查看，看到安全帽名字标签为杨某，判断为该局人员，于是立即通知该局有关人员。

7 月 28 日上午 8 时 55 分，牛某和该局其他人员赶到现场，立即拨打 120 急救电话，并对杨某进行急救。

7 月 28 日上午 9 时 05 分，现场人员用木板将杨某抬上站内车辆，送往某乡卫生院抢救。10 时 27 分，卫生院宣布杨某经抢救无效死亡。

事发现场情景推演：安全帽帽带、内部缓冲带良好，帽带及其与帽子连接处未出现明显拉损痕迹，安全帽顶部仅轻微刮伤，以及安全帽与死者头部不在身体的同一侧，且距离头部较远（3 m 左右），推测人在半空中安全帽与头部脱离；从右腿小腿前部有划伤痕迹推测，人在刚坠落时，右腿与斜材发生了刮碰。由此推测：杨某在支架上面向光缆接续盒方向，由于空间狭小，身体不慎失去平衡，向下跌落过程中右脚被支架斜材挂绊，右腿划伤，整个身体（上身和腿部）斜向外落下，在跌落过程中安全帽与头部分离，造成头部直接接触地面，如图 5.1.4 所示。

图 5.1.4　坠落现场情景推演模拟图

（二） 事故原因

1. 直接原因

杨某（死者）在离地面 3.7 m 的某丙线 OPGW 进站光缆接续盒支架上工作，在检查光纤接续盒过程中不慎发生坠落，因头部直接撞击地面致死，是本次事故发生的直接原因。

2. 间接原因

（1）安全意识淡薄，未系安全带和未正确佩戴安全帽。杨某和牛某两人去查看接续盒缺陷时，未准备安全带和作业工具，未正确佩戴安全帽，到现场后不具备登高条件的情况，随意登高作业，缺乏基本的自我保护意识。

（2）工作监护不到位。杨某与牛某两人一起查看接续盒缺陷，牛某在地面配合过程中，未监督杨某做好安全措施，离开现场后未安排其他人员监护。

（3）现场验收安全管理存在不足。对于工作面大、现场情况复杂、风险点多的验收现场缺乏安全监管。

（4）风险评估不及时。当光缆接续盒现场安装高度由离地面高度 1.5 ~ 2 m 变为 3.7 m 后，未及时开展动态风险评估并制定防范高处坠落的措施。

（三） 暴露的主要问题

（1）通信人员安全培训不到位，缺乏登高技能。通信人员日常工作范

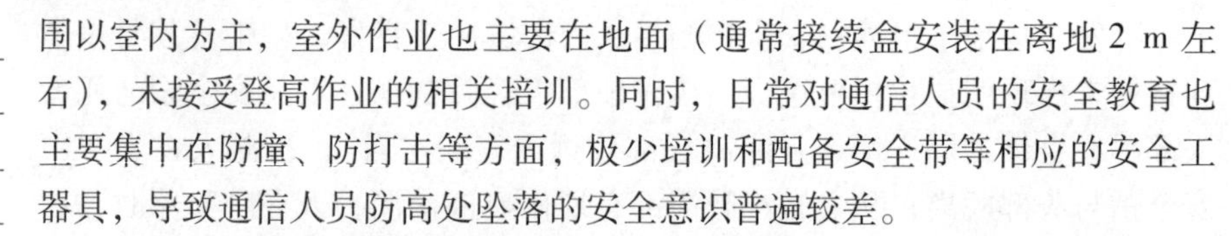

围以室内为主，室外作业也主要在地面（通常接续盒安装在离地 2 m 左右），未接受登高作业的相关培训。同时，日常对通信人员的安全教育也主要集中在防撞、防打击等方面，极少培训和配备安全带等相应的安全工器具，导致通信人员防高处坠落的安全意识普遍较差。

（2）作业过程中不严格执行《电力建设安全工作规程》及公司相关规定。在距坠落高度基准面 2 m 及以上有可能坠落的高处进行作业时，工作人员没有使用安全带，高处作业时无安全监护人。

（3）验收安全管理不到位。一是有关验收流程、方案中缺乏验收安全管理具体内容及措施，现场验收缺乏安全监督；现场验收工作人员未按有关规定履行安全手续，未严格执行相关验收作业表单，验收人员进场前的验收安全教育培训不足。二是动态风险评估不及时，作业方案中光缆接续盒风险评估的条件是“离地面高度应为 1.5～2 m”，但在验收当中当光缆接续盒现场安装高度变为 3.7 m 后，未及时开展动态风险评估并制定防范高处坠落的措施。

（四）安全操作规程规范及防范措施

（1）《电力建设安全工作规程》（DL 5009.3—2013）3.2.7 规定：进入施工现场的人员应正确佩戴安全帽，根据作业工作或场所需要选配个体防护装备。

（2）《电力建设安全工作规程》（DL 5009.3—2013）3.3 高处作业及交叉作业规定：在距坠落高度基准面 2 m 及以上有可能坠落的高处进行的作业称为高处作业。高处作业时应系好安全带，安全带的安全绳应挂在上方的牢固可靠处。人员应衣着灵便，衣袖、裤脚应扎紧，穿软底鞋。在作业过程中，高处作业人员应随时检查安全带是否拴牢，在转移作业位置时不得失去保护。高处作业应设安全监护人。

（3）工作负责人（监护人）应正确、安全地组织工作。核实已做完的所有安全措施是否符合作业安全要求，监护工作班人员执行现场安全措施和技术措施，正确使用劳动防护用品和工器具，在作业中不发生违章作业、违反劳动纪律的行为。

（4）专责监护人临时离开时，应通知被监护人员停止工作或撤离工作现场，待专责监护人回来后方可恢复工作。

（5）工作方案应根据现场勘察结果，依据作业的危险性、复杂性和困难程度，制定有针对性的组织措施、安全措施和技术措施。

（6）作业人员应接受相应的安全生产教育和岗位技能培训，经考试合格后才能上岗。

（7）作业人员在作业前应被告知作业现场和工作岗位存在的危险因素、防范措施及应急措施。

（8）各生产单位应分专业全面开展基准风险评估、基于问题风险评估和持续风险评估工作，确保风险得到全面、动态、持续识别和控制。

（五）问题思考

（1）在提高实操技能培训方面，本单位是如何开展的？

（2）对于作业人员持证上岗，特别是通信、自动化、试验等作业，如何落实的？

（3）本起事故暴露的问题给你最大的启示是什么？

三、物体打击人身事故

案例：临时拉线使用不当导致破断引起抱杆倾倒造成的人身死亡事故

2015 年 11 月 5 日，某施工单位在某 ±500 kV 直流输电线路的铁塔组立过程中，因临时拉线（丙纶绳）突然破断，致使抱杆倾倒，事故共造成 3 名外包单位作业人员死亡。

（一）事故经过

2015 年 11 月 5 日上午 8 时 10 分，某施工单位 14 名作业人员对某 ±500 kV 直流输电线路的 N147 铁塔进行组立前的塔材运输和施工准备工作，施工现场情况如图 5.1.5 所示。

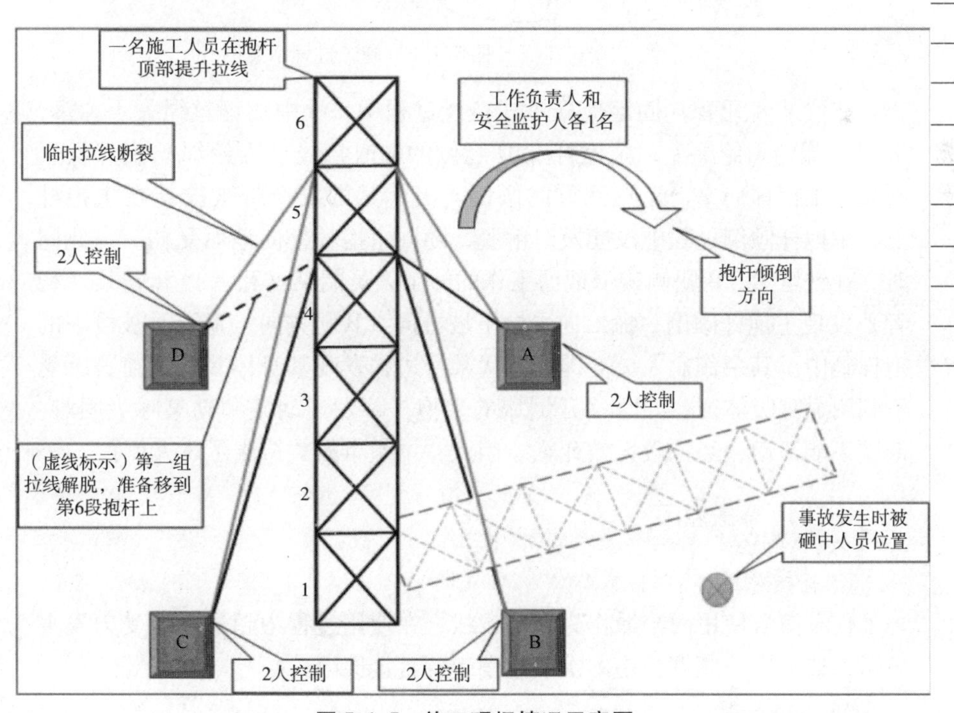

图 5.1.5　施工现场情况示意图

在分段组装主抱杆（600 mm × 600 mm × 4 000 mm，共 6 段）过程中，施工人员将事先（11 月 4 日）在地面组装好的四段（1 ~ 4 段）主抱杆用人字抱杆立起后，在第 4 段主抱杆顶部用 4 根 ϕ15.5 mm 钢丝绳作为拉线，锚固于A、B、C、D四个塔脚的连板上，之后继续组立第5段和第6段主抱杆。第5段主抱杆就位后，施工人员用ϕ18 mm的丙纶绳固定在第5段主抱杆顶端，锚固于A、B、C、D四个塔脚的连板上（和第4段的拉线锚固于同一点）。然后组立第6段主抱杆，在第6段主抱杆就位后，主抱杆上的作业人员代某在紧固完第5段和第6段主抱杆的连接螺栓后，于9时45分左右将主抱杆第4段顶端的拉线（钢丝绳）解脱后移到第6段主抱杆顶端，准备固定为抱杆的正式拉线。施工过程如图5.1.6所示。

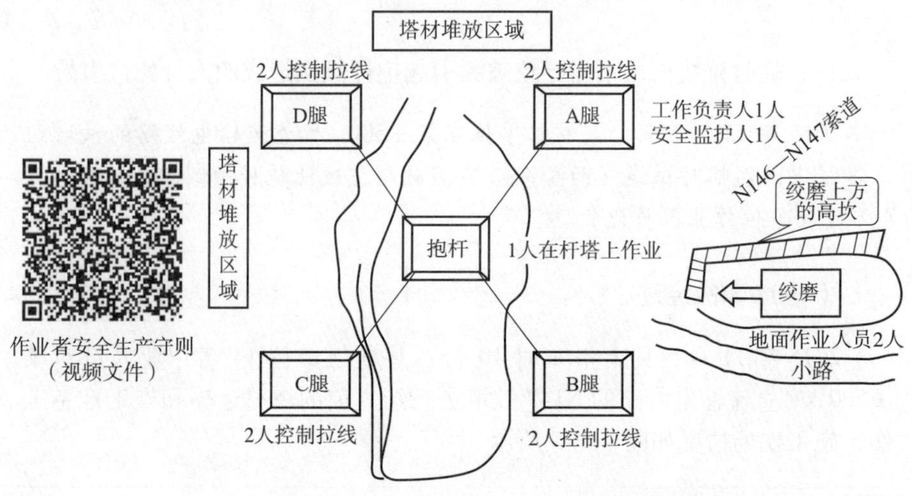

图5.1.6 施工过程示意图

在代某（死者）固定抱杆正式拉线过程中，手中的钢丝绳失手掉落，砸到D腿的丙纶绳上，主抱杆上D腿侧的临时拉线（丙纶绳）突然发生断裂，主抱杆向A、B腿侧方向倾倒。因代某的安全带被拴挂在主抱杆上，主抱杆倾倒过程中没能及时解脱，随同主抱杆摔向地面受伤。与此同时，在铁塔A、B腿侧狭窄地面工作的施工人员胡某（死者）和勒某（死者）发现主抱杆倾倒，慌忙向平台下坡方向（B腿方向）避让，被倒下的抱杆砸中。其余作业人员立即赶到代某身边，发现其身体多处出血，感受不到明显呼吸体征，同时移开倒塌的主抱杆，发现胡某和勒某呼吸困难，四肢不能活动，经抢救无效死亡。因此，本次事故共造成了3人死亡。

（二）事故原因

1. 直接原因

代某擅自使用丙纶绳作为临时拉线，在使用过程中超过允许受力发生破断，造成抱杆倾倒，是本次事故发生的直接原因。

2. 间接原因

（1）现场工作负责人未认真履职。现场施工负责人，没有制止代某擅自使用丙纶绳作为临时拉线的违章行为，没有履行现场负责人的安全管理职责。

（2）作业人员违规提升钢丝绳。代某将抱杆第4段顶端的拉线（钢丝绳）解脱后移到第6段抱杆顶端，准备固定在抱杆上作为正式拉线时，抱杆在风的作用下来回摇摆，重心偏移，导致丙纶绳受力增大。同时，站在抱杆上的代某重心失稳，身体侧倾，本能地用手去抓抱杆，手中的钢丝绳失手掉落，砸到D腿的丙纶绳上，导致丙纶绳破断。高空作业人员代某在提升钢丝绳时违反《电力建设安全工作规程第2部分：电力线路》3.3.1第8条“高处作业所用的工具和材料应放在工具袋内或用绳索绑牢；上下传递物件应用绳索吊送，严禁抛掷”的规定。

（3）地面作业人员避让方法不当。由于主抱杆的意外倾倒完全出乎地面作业人员的意料，地面2名作业人员慌忙向平台下山坡方向（B腿方向）避让，不幸被倾倒的主抱杆砸中，是导致地面人员意外伤害的原因。

（三）暴露的主要问题

1. 分包单位

（1）作业人员安全意识淡薄、安全技能不足、安规执行不严，典型的“违章、麻痹、不负责任”以及“图方便”的心理，违章指挥、冒险作业。

（2）未严格执行安全工作规程的规定。现场作业人员未严格执行安全工作规程的规定。违反《电力建设安全工作规程第2部分：电力线路》第6.1.8条“用于组立杆塔或抱杆的临时拉线，应采用钢丝绳”的规定。高空作业人员在提升钢丝绳时违反《电力建设安全工作规程第2部分：电力线路》3.3.1第8条“高处作业所用的工具和材料应放在工具袋内或用绳索绑牢；上下传递物件应用绳索吊送，严禁抛掷”的规定。

（3）分包单位未认真开展内部安全检查，未按照施工单位与分包单位签订的《施工安全协议》乙方职责第7条“分包单位必须对现场进行定期或不定期的安全检查，查处违章作业和消除安全隐患，对检查中发现的安全问题应及时通知项目部”的规定严格执行。

（4）现场工作负责人和安全监护人未认真履行安全管理和监护职责。现场负责人未认真履行自身工作职责，对现场的作业工器具未进行检查，未及时制止违章作业。

2. 施工单位

（1）现场安全管理“四步法”未落实。

（2）对分包单位安全管理不到位。项目部对现场安全检查力度不够，对分包单位现场作业中发生的违章、违规现象未及时发现和纠正，未严格对分包单位进行严格的检查与考核。

3. 监理单位

（1）对现场已发现的违章行为下发监理工程师通知单后，只督促施工单位点对点进行整改回复，未采取强有力的措施督促其针对类似问题全面进行排查、整改，监理手段单一。

（2）监理人员现场安全巡视工作计划安排针对性不强。依据监理项目部风险评估结果确定巡视任务时只考虑了同一类作业任务涉及危害的风险等级，未结合现场实际将单个施工作业周围的环境因素、施工条件等考虑在内。

(3) 对施工单位上报进度计划的实施和变化情况动态跟踪不够，未能及时掌握 N147 铁塔施工工作开展的情况，并根据该项施工作业的风险等级，采取进一步的安全管理措施。

（四） 安全操作规程规范及防范措施

(1)《电力建设工程施工安全监督管理办法》（国家发改委第 28 号令）第三十二条规定：施工单位应根据电力建设工程施工特点、范围，制定应急救援预案、现场处置方案，对施工现场易发生事故的部位、环节进行监控。实行施工总承包的，由施工总承包单位组织分包单位开展应急管理工作。

(2)《电力建设安全工作规程》（DL 5009. 2—2013）6. 1. 8 规定：用于组立杆塔或抱杆和构支架吊装时的临时拉线必须使用钢丝绳。

(3)《电力建设安全工作规程》（DL 5009. 2—2013）6. 7. 6 规定：分解组塔施工时，应视构件结构情况在其上、下部位绑扎控制绳，下控制绳（也称攀根绳）宜使用钢丝绳。

(4) 合成纤维吊装带、棕绳（麻绳）和纤维绳等应选用符合标准的合格产品。各类纤维绳（含化纤绳）的安全系数不得小于 5，合成纤维装带的安全系数不得小于 6。

(5) 在进行高处作业时，除有关人员外，不准他人在工作地点的垂直下方及坠物可能落到的地方通行或逗留，防止落物伤人。

(6) 工作期间，工作负责人因故暂时离开工作现场时，应暂停工作或指定有资质的人员临时代替，并交代清楚工作任务、现场安全措施、工作班人员情况及其他注意事项，并告知工作许可人和工作班人员。原工作负责人返回工作现场时，也应履行同样的交接手续。

（五） 问题思考

(1) 拉线是否也存在违规使用丙纶绳等不符合规定要求的现象?

(2) 针对发生抱杆或组立铁塔倾倒，是否制定了紧急避险措施?

(3) 抢救应急管理情况如何?

四、 电力生产安全事件

案例：施工不当导致安全距离不够引起的电力生产安全事件

2009 年 7 月 8 日，在某 110 kV 线光缆线路施工过程中，因施工单位光缆挂点错误，导致发生 110 kV 线路跳闸的电力生产安全事件。

（一） 事件经过

2009 年 7 月 8 日，施工单位办理了某 110 kV 线路#26—#43 塔光缆线路施工的线路第二种工作票，开始施工作业。由于该线路#25—#26 塔跨越公路及两回 10 kV 线路，故施工单位计划于 7 月 10 日中断光缆施工，另外办理10 kV线路工作票，开始搭设跨越架工作，11 日重新办理该 110 kV 线路工作票后再继续进行#26—#43 塔光缆架设的后续施工。

7 月 10 日上午，分包单位工程队队长许某在未重新办理工作票及其他任何手续的情况下，擅自安排人员登上该 110 kV 线路#27 塔对已架设的光缆进行锚固（当时只靠滑轮固定在铁塔上）。由于光缆挂点位置错误（按设计要求应悬挂于铁塔横担下 3.0 m 处，实际悬挂点只有 0.5 m 左右）且作业过程中安全措施不足、施工方法不当，8 时 01 分，当工作人员手持的光缆附件（预绞丝）触及线路导线端的绝缘子时，导致绝缘间隙不足引起线路放电，造成施工人员 1 人被电弧灼伤，该 110 kV 线路跳闸，两片玻璃绝缘子爆裂，1 座 110 kV 变电站失压，损失负荷13.7 MW。

（二） 事件原因

1. 直接原因

光缆挂点错误导致绝缘间隙不足引起线路放电，是本次事件发生的直接原因。

2. 间接原因

作业人员安全意识淡薄、思想麻痹、违章指挥，在未重新办理工作票及其他任何许可手续的情况下，擅自安排人员登上带电的 110 kV 线路对已架设的光缆进行锚固，是本次事件发生的间接原因。

（三） 暴露的主要问题

（1）施工单位负责人许某违反《电力建设安全工作规程》，未经相关管理部门允许，无票工作、野蛮施工、违章指挥，思想麻痹、不负责任。

（2）施工人员安全意识不强，未执行“两票制度”，违章作业。

（3）现场安全工作疏于管理。总包单位和分包单位现场的管理人员对安全工作监督管理不力，安全监督不到位。

（四） 安全操作规程规范及防范措施

（1）《电力建设工程施工安全监督管理办法》（国家发改委第 28 号令）第二十三条规定：电力建设工程实行施工总承包的，由施工总承包单位对施工现场的安全生产负总责，具体包括：施工单位或施工总承包单位依法将主体工程以外项目进行专业分包的，分包单位必须具有相应资质和安全生产许可证，合同中应当明确双方在安全生产方面的权利和义务。施工单位或施工总承包单位履行电力建设工程安全生产监督管理职责，承担工程安全生产连带管理责任，分包单位对其承包的施工现场安全生产负责。

（2）《电力建设安全工作规程》（DL 5009.2—2013）3.3.1.12 规定：在带电体附近进行高处作业时，与带电体的最小安全距离应符合表

3.3.1－2的规定（带电体的电压等级为110 kV，工器具、安装构件、导线、地线与带电体的最小安全距离为4 m）；临近带电体的作业应编制安全技术措施，经总工程师批准后方可施工。

（3）工作班人员应具有较强的安全意识、相应的安全技能及必要的作业技能；清楚并掌握工作任务和内容、工作地点、危险点、存在的安全风险及应采取的控制措施。

（4）若需增加工作任务，无须变更安全措施的，应由工作负责人征得工作票签发人和工作许可人同意，在原工作票上增加工作项目，并签名确认；若需变更安全措施，应重新办理工作票。

（5）在电气设备上或生产场所工作时，应根据工作性质选用相应的电气工作票、检修申请单或规范性书面记录。

（6）作业人员有权依据本规程拒绝违章指挥和强令冒险作业。

（五）问题思考

（1）如何执行“两票”管理规定？

（2）如何才能有效杜绝违章指挥和强令冒险作业？

任务二　电力安全生产事故调查与处理

一、事故形成及原因

（一）事故的特性

1. 事故的因果性

所谓事故的因果性，就是说一切事故的发生，都是由于事故各方面的原因相互作用的结果。也就是说，绝对不会无缘无故地发生事故。大多数事故的原因都是可以认识的。事故给人们造成的直接伤害或财产损失的原因是比较容易掌握或找到的，这是因为它所产生的后果是显而易见的。但是比较复杂的事故，要找出究竟是何原因又是经过何种过程而造成这样的后果，并非是一件容易的事，因为很多事故的形成是由于有各种因素同时存在，并且它们之间存在相互制约的关系。当然，有极少的事故，由于受到当今科学、技术水平的限制，可能暂时分析不出原因。但实际上原因是客观存在的，这就是事故的因果性。事故的因果性表明事故的发生是有其规律的必然性事件。

所以，事故发生后，深入剖析其事故的根源，研究事故的因果关系，根据找出的事故因果性制定事故的防范措施，防止同类事故重演或发生是非常重要的。

2. 事故的偶然性

事故是由于某种客观不安全因素的存在，随着时间进程而产生某些意外情况而显现的一种现象。所以，我们说事故的发生是随机的，即事故具有偶然性。然而，事故的偶然性寓于必然性之中。用一定的科学手段或事故的统计方法，就可以找出事故发生的近似规律。这就从事故的偶然性中找出了必然性和认识了事故发生的规律性。了解了这一点，也就明白了倘若生产过程中存在着不安全因素（危险因素或事故隐患），如果不能及时治理或整改，则必然要发生事故，至于何时发生何种事故，则是偶然的事情。所以，科学的安全管理，就应该及时地消除生产中的不安全因素或事故隐患，也就是根据事故的必然性规律消除事故的偶然性。

3. 事故的潜伏性

在一般的情况下，事故都是突然发生的。事故尚未发生或造成损失之前，似乎一切都处于“正常”和“平静”状态。但是，这并不意味着不会发生事故。只要存在事故隐患或潜在的危险因素（不安全因素），而且没有被认识或没被重视或进行整改，随着时间的推移，一旦条件成熟（被人的不安全行为或其他的因素触发），就会显现而酿成事故，这就是事故的潜伏性。

事故的潜伏性还说明了一个最重要的问题，就是事故具有一定的预兆性，因为事故潜伏、既然已经存在了，在等待一定的时机或条件爆发，这“等待”的过程就有可能发出一种预兆。大量的事故调查和实践已经证明，事故在发生之前都是有预兆发出的（有的是长时间的，有的是瞬间的），可惜很少被人们认识或捕捉。

4. 电力事故类型

1）按发生灾害的形式分类

按发生灾害的形式，可分为人身事故、设备事故、电气火灾和爆炸事故等。

2）按发生事故时的电路状况分类

按发生事故时的电路状况，可分为短路事故、断线事故、接地事故、漏电事故等。

3）按事故的严重性分类

按事故的严重性，可分为特大事故、重大事故、一般事故等。

4）按伤害的程度分类

按伤害的程度，可以分为死亡、重伤、轻伤三种。

5）按范围分类

电力系统事故依据事故范围大小可分为两大类，即局部事故和系统事故。

所以，安全管理中的安全检查、检测与监控，就是寻找事故的潜藏性或潜伏性和事故预兆，从而全面地根除事故，保证生产或人们的生活正常进行。

（二）事故形成的原因与过程

1. 事故是原因的表现

事故与任何事物一样，有其固有的因果联系和制约表现形式。众所周知，一种现象必然是由另一种现象引起的，同时它又总会引起其他一些现象。人们把引起某种现象的现象叫作原因，把被某种现象引起的现象叫作结果。例如风吹草动，风吹是草动的原因，草动是风吹的结果。又如水涨船高，水涨是船高的原因，船高是水涨的结果。再如某企业发生一氧化碳中毒伤亡事故，事故的直接原因是高浓度的一氧化碳气体泄漏和人员在场（当然还有其他间接原因），结果是人员中毒伤亡。所以，在一般的情况下，事故和事物的发生，都是有其前因后果的。没有原因的现象和没有结果的现象都是不存在的。虽然在实际的生活、生产或自然界中有些事故的原因暂时还没有被人们所揭示，但是肯定是客观存在的，随着科学技术的进步与发展，终究会被发现。事故管理的任务，首先就在于研究或揭示出事故的因果联系和事故的内在规律，以便采取有针对性的预防措施，防止事故的发生，保障生活或生产过程的顺利进行。

2. 事故形成的过程

通过对事故的研究发现：事故同其他事物一样，也有其形成、发展和消亡的过程。事故的形成与发展，一般可归纳为 3 个阶段，即孕育阶段、生长阶段和损失阶段，各阶段基本上都具有自己的规律或特点。

小隐患如何酿成大事故
（视频文件）

1）孕育阶段

事故的发生有其基础原因，从宏观上讲，即国家的社会因素和上层建筑方面的原因。如地方保护主义，片面追求高额的利润，突击建成的形象工程、突击出来的生产政绩和急功近利行为等，由此而产生的各种建设工程、各种设备在设计和制造过程中便潜伏着危险和存在着各类事故隐患。这些就是事故的孕育阶段。此时，各类事故处于无形阶段，人们可以感觉到它的存在，估计到它会必然要出现，而难以指出它的具体形式或表现方式。

2）生长阶段

在此阶段便出现了地方、部门、行业或企业管理上的失误、缺陷或混乱，使不安全状态和不安全行为等问题得以滋生和发生，各类事故隐患不断形成和越积越多，特别是又不能得到及时解决。这些隐患就是“事故苗子”的表现。在这一阶段，各类事故正处于萌芽状态，甚至事故已经开始发生（大量的险肇已开始出现）。此时，人们可以具体指出它的存在，甚至有经验的安全工作者可以预测到事故或事故将要发生。

3）损失阶段

当建设工程、设备设施和生产中的事故隐患或危险因素被某些偶然事件触发时（人为或环境因素，如大风、大雨、大雪等），就会发生事故。

包括肇事人的肇事，起因物的加害和环境的影响，使事故发生并扩大，造成人员伤亡或经济损失或两者同时出现（甚至出现了事故高峰期）。

（三）事故的直接原因和间接原因及其关系

1. 事故的直接原因

事故的直接原因又称为一次原因，是指直接导致事故发生的原因，或者说是在时间上最接近事故发生的原因。前面所谈的人的不安全行为（人的原因）、物（物的原因）的不安全状态、环境的不安全因素（环境原因）和管理缺陷与混乱（管理原因），基本上都属于事故的直接原因。但是，必须根据具体的事故进行具体的分析，从而确定具体的直接原因，不能笼统予以确定。所以对事故进行严肃而细致的分析是非常重要的。需要说明的是，事故的管理原因既是直接原因，在某种情况又是间接原因。但是在一般情况下，管理原因基本上属于间接原因的范畴之内。

2. 事故的间接原因

事故的间接原因，是指引起事故原因的原因。事故是由直接原因产生的，而直接原因又是由间接原因引起的。换句话讲，事故最初就存在着间接原因，由于间接原因的存在而产生了直接原因，然后通过某种触发的加害物而引起了事故发生。间接原因又与人的技术水平、受教育的程度、身体健康状况、精神状况以及管理、社会等因素有关。下面简明扼要地介绍几种间接原因。

1）技术原因

技术原因，是指由于技术上的缺陷引起事故的原因。如工程、装置或设施的设计不合理、没有考虑安全系数和物质的自然规律，结构材料选择不当，设备的检查及保养技术不科学，操作标准技术水平低，设备布置和作业场所（地面、空间、照明、通风技术）有缺陷，机械工具的设计与保养技术不良，危险场所的防护及警报技术不过关，防护设施及用具的维护与使用不当和设置设备的性能存在问题，以及使用的材料达不到要求或者是假冒伪劣材料、产品等。

2）教育原因

教育原因，主要是指对上岗人员缺乏应有的安全教育。如缺乏安全知识和安全技术教育，对作业过程中的危险性及应当掌握的安全操作、运行方法不了解或安全训练不够，不安全的坏习惯未克服，存在或根本就没有进行安全教育与培训（如采用替考或弄虚作假进行安全培训）等。

3）身体原因

身体原因，是指操作人员的健康状况。如生病（头痛、头晕、腹痛、癫痫等）、人身体缺陷（色盲、近视、耳聋等）、人疲劳（睡眠不足、局部器官较长时间工作等）、饮食失调（醉酒、饥饿、口渴等）等因素。

4）精神原因

精神原因，通常分为两种类型：一种是精神状态不良，例如思想松懈、反感、不满、幻觉、错觉、冲动、忘却、紧张、恐怖、烦躁、心不在焉等；二是属于性格方面的缺陷，例如固执、心胸狭窄和“内向”，不愿交流等；三是属于智力方面的缺陷，如脑膜炎患者和反应迟钝等。

5）管理原因

管理原因，是指管理不善、缺陷与混乱造成的事故。管理原因造成的事故是多种多样的。如领导者的安全责任心不强，安全管理机构不健全，安全技术措施不落实，安全教育与培训不完善，安全标准不明确，安全对策的实施不及时，作业环境条件不良，劳动组织不合理，职工劳动热情不高和管理者的急功近利行为严重等。

6）社会及历史原因

社会及历史原因，是指造成事故的社会原因和历史原因。社会及历史原因涉及的面很广，情况也比较复杂。如学校对安全教育不重视，国家或政府部门没有切实可行的或没有制定健全的安全法律及政策，安全行政机构不健全，社会对安全的重要性认识不清，生产技术水平落后等。

总而言之，导致事故发生或事故发生的间接原因，大体上是上述诸原因中的一种或几种。在实际的工作中，技术原因、教育原因和管理原因是经常出现的，身体原因和精神原因也时有出现，而社会及历史原因由来深远，牵涉面较广，直接提出针对性的对策也比较困难。但这绝不是说社会及历史原因就不应当受到重视，恰恰相反，更应当深刻认识并重视社会及历史原因，只有这样，我们国家国民的安全素质才能得到真正提高，事故发生率才会真正彻底减少。

3. 事故原因与过程的因果关系

据上面事故原因的分类，可以找出事故原因及事故发展过程的因果关系。依据这种关系，人们可以去认识和掌握事故，从而指导事故管理工作的开展。事故与原因的关系是：

间接原因（二次原因）——直接原因（一次原因）——起因物——加害物——事故

上面已经讲过，直接原因多是由间接原因引起的。例如，人的不安全行为可能是由技术原因引起的，也可能是由教育原因引起的，或者是由身体原因、精神原因及管理原因引起的。因此，在事故分析中，一概指责作业者失误或违章的做法是片面的，显然是管理者为逃避事故责任而制造的一种借口。因为这常常不是事故的真正原因和全部原因。通过总结处理大量事故的经验与实践已经证明，显而易见的原因很少是事故的真正原因，必须进行全面的、深入的调查和分析，才能找出事故的根本原因。图5.2.1所示为事故原因与过程关系示意图。

必须强调的是，物质与环境条件的不安全状态同管理缺陷相结合，就构成了生产过程中的事故隐患。而事故隐患一旦被人的不安全行为或其他因素所触发，就必然发生事故。有了这种基本认识，对于分析事故的发生和防范是极为重要的。下面我们依据事故流程再讲解事故的起因物和事故的加害物。

电力安全生产“十不干”
（视频文件）

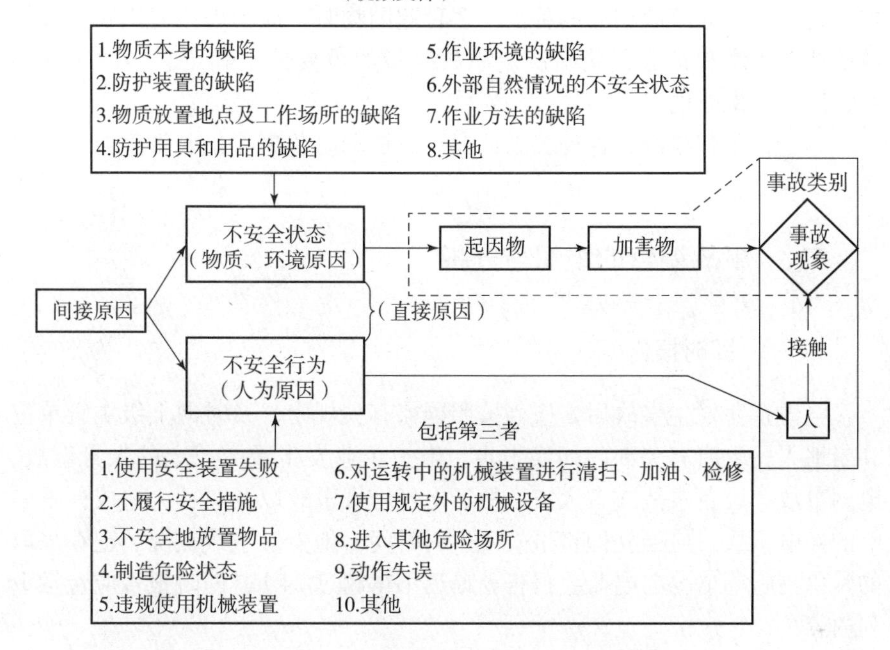

图 5. 2. 1　事故原因与过程关系示意图

1）事故的起因物

事故的起因物，是指导致事故发生的物体。一般把起因物分为以下几大类：

（1）机械、装置、工具。

（2）建筑物、构筑物和临时设施。

（3）不适用或有缺陷的安全防护装置。

（4）物质、材料。

（5）作业环境。

（6）其他物品。

2）事故的加害物

事故的加害物是指直接与人体发生碰撞或接触而引起伤害的物体，也称之为事故的危害物。事故的加害物一般也可以同起因物一样，分为 6 个大类。但“不适用或有缺陷的安全防护装置”和“作业环境”成为加害物的情况是少见的。当然，也不能排除它们直接伤害人体的情况。诸如人员作业时可能由于碰到有缺陷的安全罩而引起伤害和安全防护罩坠落引起的人员伤害，以及作业场所的强烈噪声直接引起作业人员的听力功能障碍或导致操作失误（类似这种情况，在管理落后或管理混乱的企业，是时有发生的）。

在同一起事故中，起因物可能又是加害物，但在大多数情况下是不一致的。如作业通道上违章堆放的物品，可能因妨碍交通而引起车辆伤害。在此情况下，该物品是起因物，车辆是加害物。如果因物品妨碍了人员通行并导致人员碰到上面的物品而引起了伤害，则该物品既是起因物，又是加害物。当一起事故中有两种甚至多种起因物时，应考虑按起因物导致事故的严重程度和该起因物对决定事故对策的重要性来确定它们的主次关系，以防止事故的发生。

总之，了解事故的这种关系，对于分析和防范事故是非常重要与方便的。

二、 事故调查的组织与分析

（一） 即时报告

电力企业发生事故后，应当按照国家有关规定，及时向上级主管单位和当地人民政府有关部门如实报告。电力企业发生重大以上的人身事故、电网事故、设备事故或者火灾事故、电厂垮坝事故以及对社会造成严重影响的停电事故，应当立即将事故发生的时间、地点、事故概况、正在采取的紧急措施等情况向电监会报告，最迟不得超过24 h。即时报告应包括下列内容：

（1）事故发生的时间、地点、单位。

（2）事故发生的简要经过、伤亡人数、直接经济损失的初步估计。

（3）设备损坏和电网停电影响的初步情况。

（4）事故发生原因的初步判断。

（二） 调查组织

事故发生后，按相应的规定成立事故调查组。

特大人身事故的调查执行国务院令（第34号）《特别重大事故调查程序暂行规定》及其他相关规定，重大人身事故及一般人身伤亡事故的调查执行国务院令（第75号）《企业职工伤亡事故报告和处理规定》及其他相关规定，重伤事故由企业领导或其指定的安全生产监督管理、生产技术（基建）、劳保（社保）等有关部门的人员及工会成员成立调查组，轻伤事故由企业事故发生部门的领导组织有关人员进行调查。

特大电网事故由电力公司组织成立调查组，报国家电监委备案后组织调查。重大电网事故根据其涉及范围，由负责相应电网运行的电力公司组织事故调查。一般电网事故，根据事故涉及范围，分别由负责运行管理（经营）、调度该电网的电力公司或该电力公司委托的部门、市（地区级）供电企业组织调查。

特大设备事故的调查执行国务院令（第 34 号）《特别重大事故调查程序暂行规定》及其他相关规定。重大设备事故和一般设备事故由发生事故的单位组织调查组。

电网的一类障碍一般由调度部门负责组织调查；设备一类障碍由车间（工区、工地）负责人组织调查。必要时，安全生产监督管理和有关人员需参加。

（三）调查、分析

1. 保护现场

事故发生后，事故单位必须迅速抢救伤员并派专人保护现场。未经调查和记录的现场不得随意变动。事故单位应立即对事故现场和损坏的设备进行照相、录像，绘制草图，收集资料。因紧急抢修、防止事故扩大以及疏导交通等，需要变动现场的，必须经企业领导和应急部门同意，并做出标志。绘制现场草图、写出书面记录，保存必要的痕迹、物证。

2. 收集原始资料

事故发生后，企业安监部门或其指定的部门应立即组织当值值班人员、现场作业人员和其他有关人员在下班离开事故现场前分别如实提供现场情况并写出事故的原始资料，应急部应及时收集资料，并妥善保管。

事故调查组成立后，安监部应及时将有关材料交事故调查组，事故调查组在收集原始资料时应对事故现场收集到的所有物件保持原样，并贴上标签，注明时间、地点、物件管理人。事故调查组有权向事故发生单位、有关部门及有关人员了解事故的有关情况并索取有关资料，任何单位和个人不得拒绝。

对于人身事故，应查明伤亡人员和有关人员的单位、姓名、性别、年龄、文化程度、工种、技术等级、工龄、本工种工龄以及安全教育记录、特殊工种持证情况、健康状况等；查明事故发生前的工作内容、开始时间、许可情况、作业程序、作业时的行为及位置、事故发生经过、现场救护情况；查明事故周围的环境情况、安全防护措施和个人防护用品的使用情况。

对于电网或设备事故，应查明发生的时间、地点、气象情况；查明事故发生前设备和系统的运行情况，查明与电网或设备事故有关的仪表、自动装置、断路器、保护器、故障录波器、调整装置、遥测遥信装置、遥控装置、录音装置和计算机等的记录和动作情况；调查设备资料情况及规划、设计、制造、施工安装、调试、运行、检修、验收等质量方面存在的问题；查明电网事故造成的损失，包括波及范围、减供负荷、损失电量、用户性质及事故造成的设备损坏程度、经济损失等。

通过调查，了解现场制度是否健全，规章制度本身及其执行中暴露的问题，了解企业管理、安全生产责任制和技术培训等方面存在的问题；事故涉及两个以上单位时，应了解相关合同或协议，及时整理出说明事故情况的图表和分析事故所必需的各种材料和数据。

3. 分析原因责任

事故调查组在事故调查的基础上，分析并明确事故发生、扩大的直接原因和间接原因。必要时，事故调查组可委托专业技术部门进行相关计算、试验、分析。事故调查组在确认事实的基础上，分析是否人员违章、过失、违反劳动纪律、失职、渎职；安全措施是否得当；事故处理是否正确等。通过对直接原因和间接原因的分析，确认事故的责任者和领导责任者；根据其在事故发生过程中的作用，确认事故发生的主要责任者、次要责任者和事故扩大责任者。

事故责任确认后，根据有关规定提出对事故责任人员的处理意见，由有关单位和部门按照人事管理权限进行处理。对下列情况从严处理：

（1）违章指挥、违章作业、违反劳动纪律造成事故的。

（2）事故发生后隐瞒不报、谎报或在调查中弄虚作假、隐瞒真相的。

（3）阻挠或无正当理由拒绝事故调查、拒绝或阻挠提供有关情况和资料的。

在事故中积极恢复设备运行和抢救、安置伤员、在事故调查中主动积极反映情况，使事故调查顺利进行的有关事故责任人员，可酌情从宽处理。

事故调查组应根据事故发生、扩大的原因和责任分析，提出防止同类事故发生、扩大的组织措施和技术措施。

4. 事故调查报告书

重大及重大以上的电网和设备事故、重伤及重伤以上的人身事故以及上级部门指定的事故，事故调查组写出事故调查报告书后，应报送事故调查的组织单位，经事故调查的组织单位同意后，事故调查工作即告结束。

事故调查的组织单位收到事故调查组的事故调查报告书后，应立即提出事故处理报告，并报上级主管单位或政府安全生产监督管理部门。批复单位为国家电网公司、国电分公司、区域电网公司、集体公司、省电力公司的，批复后应将批复文件送各参加调查的单位或部门。

事故调查结案后，事故调查的组织单位应将有关资料归档，资料必须完整。

（四）统计报告

电力生产事故的统计和报告，按照电监会令（第 4 号）《电力安全生产信息报送暂行规定》办理。涉及电网企业、发电企业等两个以上企业的事故，如果各企业均构成事故，各企业都应当按照有关规定统计、上报。

一起事故既符合电网事故条件，又符合设备事故条件的，按照“不同等级的事故，选取等级高的事故；相同等级的事故，选取电网事故”的原则统计、上报。伴有人身事故的电网事故或者设备事故，应当按照本规定要求将人身事故、电力事故或者设备事故分别统计、上报。

安全事故法律责任分析及
处理对策（微课）（视频文件）

按照国家有关规定，由人民政府有关部门组织调查的事故，发生事故的单位应当自收到事故调查报告书之日起一周内，将有关情况报送电监会。发电企业、供电企业和电力调度机构连续无事故的天数累计达到100天为一个安全周期。若发生重伤以上人身事故，发生本单位应承担责任的一般以上电网事故、设备事故或者火灾事故，均应当中断安全周期。

三、 电力事故处理对策

（一） 电力事故处理的基本原则

应以保人身、保电网、保设备安全为原则。迅速限制事故发展，消除事故根源，解除对人身、电网和设备安全的威胁。用一切可能的方法保持正常设备的运行和对重要用户及发电厂厂用系统的正常供电。尽快对已停电的地区或用户恢复供电，对重要用户尽可能优先恢复供电（热）。尽快使各电网、发电厂恢复并列运行。调整系统运行方式，使其恢复正常。

系统发生事故时，各级运行值班人员应坚守工作岗位，事故单位的运行值班人员应立即将事故情况准确、简明、清晰地向省调值班调度员汇报，不得拖延，其内容包括：事故发生时间、现象、断路器跳闸情况和主要设备出现的异常情况；继电保护、稳控系统和安全自动装置动作情况；频率、电压、负荷的变化情况；有关事故的其他情况。

电网生产事故调查与
处理（微课）（视频文件）

当省调调管系统发生事故造成电网解列时，有关地调值班调度员和厂、站、集控中心的运行值班人员应保持本地区电网的稳定运行，尽快将频率和电压调整至合格范围内。紧急情况下，为防止事故扩大，事故单位或相关地调的运行值班人员可不待省调值班调度员的指令后才进行以下操作，但应尽快报告省调：将直接威胁人身安全的设备停电、将故障设备停电隔离、解除对运行设备的安全威胁、恢复全部或部分厂用电及重要用户的供电，以及现场规程中明确规定可以不待调令自行处理的其他情况。保护装置异常可能引起保护误动、拒动时，应立即将该保护相关功能停运。

（二）电力事故处理

1. 频率异常事故处理

当系统频率超过50.20 Hz时，各发电厂应不待值班调度员的指令立即降低出力，使频率恢复到50.00 Hz。采取以上措施后，系统频率仍高于50.20 Hz且各电厂均已达最低技术出力时，有关发电厂应按值班调度员的指令采取包括停运水电、风电机组和投油助燃等减少发电出力的措施，使频率恢复正常。装有高频切机装置的发电厂，当频率仍高至动作值而装置未切机时，应手动解列该发电机组。

当系统频率低于49.80 Hz但有旋转备用容量时，各发电厂应不待调度指令，立即增加发电机组有功出力或短时发挥发电机组的事故过负荷能力发电，但增加出力的过程中，应及时向省调值班调度员汇报，并保证不使相应的输电线路过负荷。

系统频率低于49.00 Hz时，系统内各并网发电厂应不待调度指令，立即增加发电机组有功出力或短时发挥发电机组的事故过负荷能力发电，但增加出力的过程中，应及时向省调值班调度员汇报，并保证不使相应的输电线路过负荷。

当发电机组发生故障或异常运行情况时，故障机组所在发电厂值长，必须在15 min内将其故障或异常运行机组可以恢复至满出力运行的时间向省调值班调度员汇报。并入电网的有源用户及地区电网，在系统频率超出（50 ±0.20）Hz时，其值班调度人员应主动调整其调管发电机组的出力或按省调值班调度员的指令进行调整，必要时省调值班调度员可下令解列联络线运行。

当系统频率下降危及发电厂设备的安全运行时，为防止事故扩大，发电厂应按《电网并网发电厂保厂用电有关规定》的要求执行，并应立即报告省调。

2. 电压异常事故处理

要求：任何情况下，电压监视控制点的电压值偏差超出省调下达电压曲线值的 ±5% 时，持续时间不得超过10 min；超出电压曲线 ±10% 时，不得超过5 min。特殊考核点的电压，任何时刻不得低于保持系统稳定所需数值。

事故情况下，各电压监视控制点的事故极限运行电压值不得低于电压额定值的85%或不低于系统稳定所需电压值。

当系统监视控制点电压降低到电压曲线下限值的95%以下，但高于事故极限电压值或系统监视控制点电压超过电压曲线上限时，省调值班调度员应采取一切可能的措施使电压在15 min内恢复到正常范围，必要时可采取包括在低电压地区限电或在高电压地区解列机组等措施，有关发电厂、变电站、集控中心不得拒绝执行。

当系统监控点电压低于电压稳定极限值或事故极限运行电压值时，各有关发电厂运行值班人员应不待值班调度员指令，立即增加发电机组无功出力或按现场规程规定，利用发电机组允许的事故过负荷能力增加无功出力、投切无功补偿装置，并应迅速报告省调值班调度员。装设有低电压自动减负荷装置、区域稳控装置的厂、站，当电压降低到低电压自动减负荷装置、区域稳控装置的动作定值而装置未动作时，现场运行值班人员可手动断开低电压减负荷装置所接跳的断路器。

必要时当系统电压降低到严重威胁发电厂设备安全时，为防止事故扩大，发电厂应按《电网并网发电厂保厂用电有关规定》的要求执行，并应立即报告省调。

3. 线路事故处理

线路断路器跳闸后，没有值班调度员的指令，不得送电。厂、站运行值班人员必须对故障跳闸线路的有关设备进行外部检查，并将检查结果汇报省调。若事故时伴随有明显的事故象征，如火花、爆炸声、电网振荡等，待查明原因后再决定能否送电。

断路器允许切除故障的次数应由维护单位的现场规程确定，断路器检修前切除故障的累计次数（220 kV 断路器应按相分别统计），由现场运行值班人员负责统计和掌握；线路是否停用重合闸或能否再次强送电，由厂、站、集控中心的运行值班人员根据累计切除故障次数和外部检查结果综合考虑，向省调值班调度员报告。

当 220 kV 断路器操作时发生非全相运行，有关厂、站、集控中心的运行值班人员应不待调度命令立即拉开该断路器；如断路器在运行中一相断开，应不待调度命令立即试合该断路器一次，试合不成功应尽快采取措施并将该断路器拉开；当断路器运行中两相断开时，应不待调度命令立即将该断路器拉开。

4. 变压器及高压电抗器事故处理

变压器的重瓦斯保护或差动保护之一动作跳闸时，在未查明故障原因并消除故障前不得强送电；在检查变压器外部无明显故障、检查瓦斯气体和故障录波器动作情况证明变压器内部无故障后，可以强送电一次。有条件时应进行零起升压。

变压器后备过流保护动作跳闸，在找到故障点并有效隔离后，可以强送电一次。轻瓦斯动作发出信号后应注意检查并适当降低输送功率。

对于高、中（低）压有源的联络变压器故障跳闸后，可能造成系统解列，在重新投入变压器之前，应注意防止发生非同期合闸。

高抗保护动作时，如系重瓦斯保护或差动保护之一动作跳闸，不得强送电；在检查高抗外部无明显故障、检查瓦斯气体和故障录波器动作情况确认高抗内部无故障后，可以强送电一次。有条件时可进行零起升压。

两台及以上并列运行的变压器，其中一台故障跳闸不能投入时，运行的变压器可按事故过负荷的规定运行。

5. 系统振荡的事故处理

1）系统振荡时的一般现象

发电机、变压器、线路的电压表、电流表和功率表的指针周期性地剧烈摆动，发电机发出不正常、有节奏的“嗡－嗡－嗡”声。在振荡中心处的电压表计指示值周期性地接近于零，其附近电压摆动最大，照明灯随电压波动而一明一暗。随着与振荡中心距离的增加，电压振动幅度逐渐减小。连接失去同步的发电厂或系统的联络线上，输送功率往复摆动，送、受端频率明显不同。

2）主要调节措施

各发电厂应不待省调值班调度员指令，立即增加发电机无功出力，必要时可发挥发电机的事故过负荷能力，以提高母线电压到振荡消失或达到最大允许值。频率升高的发电厂应不待调度指令立即降低有功出力，直至振荡消失，但其间的频率不得低于49.50 Hz，并应保证对厂用系统的正常供电。频率降低的发电厂，应不待省调值班调度员指令，立即增加有功出力以提高频率至49.50 Hz以上，直至振荡消失或达到最大可能出力。

不允许无励磁运行的发电机失磁后失磁保护未动，造成发电机本身强烈振荡而失去同步时，发电厂应不待省调值班调度员指令，立即将失磁机组与系统解列，并报告省调值班调度员。装设有振荡解列装置的发电厂、变电站，当系统发生振荡时，应立即检查振荡解列装置的动作情况，当发现该装置发出跳闸信号而实际未解列且系统仍有振荡时，应立即断开应解列的断路器。

6. 互感器故障的事故处理

1）电流互感器故障处理原则

变压器电流互感器故障后，应当立即断开主变三侧断路器，迅速隔离故障点。线路电流互感器发生故障时，应立即将线路停运并隔离故障点。具备代路条件的应利用旁路断路器对线路恢复送电。母联电流互感器发生故障时，应立即断开母联断路器，禁止将该电流互感器所在母线保护停运或将母差保护改为非固定连接方式（或单母线方式）。母联断路器隔离开关可以远控操作时，应用隔离开关远控隔离故障点。隔离开关无法采用远控操作时，应使用断路器切断该电流互感器所在母线的电源，然后再隔离故障的电流互感器。

2）电压互感器故障处理原则

线路电压互感器发生故障时，应当将该线路停运。母线电压互感器发生故障时，电压互感器高压侧隔离开关可以远控操作时，应用高压侧隔离开关远控隔离故障。高压侧隔离开关无法采用远控操作时，应用断路器切断该电压互感器所在母线的电源，然后再隔离故障的电压互感器。禁止将故障电压互感器的二次侧与正常运行的电压互感器二次侧进行并列和将故障电压互感器所在母线保护停用。在操作过程中发生电压互感器谐振时，应立即破坏谐振条件，并在现场规程中予以明确。

7. 断路器异常的事故处理

对于线路断路器运行时发生闭锁分合闸的情况，双回线或环网线路可以将闭锁合闸的断路器停运，采取旁路断路器代路，等电位拉开故障断路器两侧隔离开关或母联断路器串供后断开母联断路器等方式隔离故障断路器（母联断路器串供方式须将正常运行的断路器倒至非故障断路器所在母线）。

母联断路器运行时发生闭锁分合闸的情况，双母接线的母联断路器，优先采取合上出线（或旁路）断路器两副母线侧隔离开关后，拉开母联断路器两侧隔离开关的方式进行隔离，否则可以采用倒母线方式隔离。

8. 隔离开关异常的事故处理

母线侧隔离开关在操作过程中发生分合不到位时，现场值班人员应首先判断隔离开关断口的安全距离。当隔离开关断口安全距离不足或无法判断时，可以采取先断开该隔离开关连接元件断路器，再将其所在母线停电的方式将其隔离。

带电的线路侧隔离开关在操作过程中发生分合不到位时，现场值班人员应首先判断隔离开关断口的安全距离。当隔离开关断口安全距离不足或无法判断时，可以采取停运线路的方式将其隔离。

隔离开关在运行过程中发生过热、烧红、异响等情况时，应采取措施降低通过该隔离开关的潮流，倒换母线接线方式，必要时将隔离开关停电处理。

四、 事故防范措施的制定与预防

进行安全审查和安全监督检查，对事故进行预测预防，采取有效措施防止事故发生或者说是将事故消灭在没发生之前，这是安全管理者的主要任务与目的。

然而，安全管理者的另一个主要任务与目的，就是事故发生之后对事故进行报告、抢救、调查、分析、处理和制定有效的防范措施与预防技术，防止类似事故重复发生。

事故破坏生产，危害员工的生命安全和身心健康，使人民和国家的财产遭受损失。因此，在企业生产和工作过程中，应当尽一切可能预防事故的发生。事故管理的目的，就是为了有效地进行事故预防，安全地进行生产或工作。事故预防可以从两个方面来考虑，一是排除妨碍生产的因素，促进生产的发展；二是排除不安全因素，保障人们生命财产的安全。前者是从经济效益的角度考虑的，后者是从保护劳动者的角度考虑的。如果从健全管理制度考虑，应当把上述两方面统一起来，把事故预防工作放在企业管理和一切工作的重要位置上。从另一个角度来说，事故发生了，生产破坏了，是事故的预防工作没有做好。但是制定好事故防范措施，防止类似事故重复发生，同样也是一种事故预防的重要工作。

（一）事故防范措施的制定

1. 制定事故防范措施的重要性

事故发生之后，为认真吸取事故教训，防止类似事故重复发生，必须要制定切实可行的防范措施，方能进行安全生产或工作。然而在现实的实践中，为什么类似的事故总是重复发生呢？甚至出现了事故的“恶性循环”。其中一个很重要的原因，就是事故发生之后制定的事故防范措施不符合实际需要，或没有引起人们的足够重视。作者在事故管理的实践中和对大量的事故进行调查研究后，绘制出了事故的恶性循环模式，详见图5.2.2事故恶性循环模式。

由图5.2.2看出，事故发生之后，如果没有制定出切实可行的事故防范措施，或者对事故防范措施实施不力，事故就会如此继续进行下去，就形成了渐开的循环方式。而由此不断发生的事故则按着“渐开线”的方式进行着恶性循环，这就是事故重复发生的本质过程，也是事故不断上升的基本规律。

电力安全生产事故隐患排查及整改措施（微课）（视频文件）

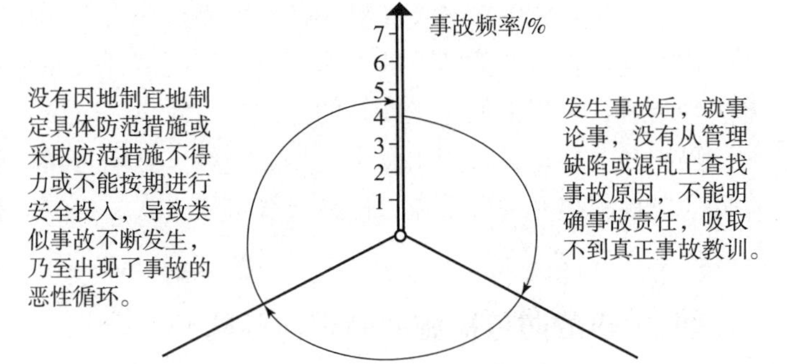

图5.2.2 事故恶性循环模式

2. 制定事故防范措施的三项基本要素

制定事故防范措施必须符合安全技术规范要求，并符合实际，具有可操作性，能够以点带面对全局的安全工作具有推动性。

（1）制定的事故防范措施应符合安全技术规范。

所谓符合安全技术规范，就是符合安全生产法律法规和技术规程，符合人机工程学原理，制造简单，能够尽快投入使用，真正起到安全、保护的作用。

（2）制定的事故防范措施应切合实际，具有可操作性。

事故防范措施不仅要符合技术要求，还必须切合实际，具有可操作性。如果工人操作起来费劲、费力，或者说是不容易操作，总觉得碍事，这样的事故防范措施或事故防范设施设备以及劳动保护用具就失去了作用，类似的事故还会发生。所以，事故防范措施操作起来必须简单易行。

（3）制定的事故防范措施应对全局的安全工作具有推动性。

事故的发生，可能是由于技术设计上的问题，也可能是员工操作上的问题，还可能是管理上的问题。总之，要找到真正的问题。这种问题的存在或者说是事故隐患的出现，很可能带有全局性，在本企业、本行业或本系统全面地进行一次事故隐患的排查与治理整改是非常有必要的；同时对新制定的事故防范措施进行全面落实，不仅是进行安全生产的需要，也是对全体成员进行一次深刻的安全教育和对全局安全工作的推动。

同时，有些事故的发生也是对安全操作规程和技术规范的检验以及对安全管理工作的全面检验。很多的安全操作规程和技术规范是用生命和鲜血换取的，我们必须在实践中认真执行。但有些安全操作规程或技术规范，制定得不一定科学、合理或者说是不符合人机安全工程学原理，尚需要在实践中检验和进一步改进。在这种情况下事故发生了，就应该对所制定的安全操作规程或技术规范和管理方法，进行严肃认真的研究。所以，事故是强迫人们必须接受的最真实、最现实的“科学试验”，也是管理工作的“成效表现”，它蕴藏着丰富的经验、教训、知识和新课题。而制定事故防范措施，或者说是对事故防范措施的落实，就是一项“新课题”的诞生。

（二）事故防范技术与措施

事故发生以后，应当尽快查明事故发生的原因。尤其要查明物质技术方面的原因、人为原因以及管理上的原因。应对系统中的危险因素和事故隐患进行全面、深入的调查，评价其危险程度，并提出合理的预防对策，制定和落实防范措施。事故防范措施可以分为安全工程技术措施、教育措施以及管理措施三种。在采取预防措施时，应当把改善作业环境和生产条件、提高安全技术装备水平放在首位，力求在消除危险因素和事故隐患的基础上，搞好教育措施与管理措施。事故防范措施，从根本上说就是消除可能导致或再次发生事故的事因。由于事故常常是由若干种原因重叠、交织在一起而引起的，因此也可以有若干种不同的事故预防措施方案，应当选择其中最有效的一种方案予以实施。

1. 安全工程技术措施

安全工程技术措施，是解决工程、工艺和设备、设施中不安全或实现质的安全的一种技术。制定事故防范措施和预防事故的最佳方案或手段，应该是安全工程技术措施。

对于新设备、新工艺等新系统，从规划、设计阶段开始，直至加工、制造、使用、维修等全过程，都应当充分考虑其安全性、可靠性。有时虽然有完善的规划和设计，但在加工、制造过程中，由于材料的缺陷，或者材质选择不当，或者加工技术差（如焊接质量不良、加工精度不够），也会使新设备或新系统处于不安全状态。

有时虽然新单元或新系统的规划、设计、加工、制作等均符合要求，但投入运转后，随着使用时间的推移，受磨损、疲劳、腐蚀、老化等诸多因素的作用，加之管理不到位，至某一时刻（即量变导致质变的飞跃时刻）便出现了物的不安全状态或发生了事故。因此，良好的单元或系统也会转变为不安全状态。

为了使企业生产处于安全状态，应该以发生过的事故（包括直接的和间接的）为借鉴，认真吸取教训。首先，要从工程技术上进行改进或增设安全防护装置，以减少或杜绝同类事故的发生。如高层建筑物或铁塔以及树立的大型广告牌等，在设计时应考虑风速、雨雪及地形等自然因素的影响；在有积雪和大风出现的地区，进行工程和建筑物的设计时，应考虑积雪重量（近期加拿大发生的几起屋顶坍塌事故和我国有的地区输送高压电线的铁塔倒塌事故就说明了这个问题）、风力、雨水、泥石流等自然因素，增大安全系数。又如，在砂轮磨具周围应增设安全防护装置，当砂轮受到意外作用力发生破碎时，可以避免碎片飞出伤害作业人员。楼梯处如果光线不好，常常容易发生因踏空或踩滑而摔倒的伤害事故，如果辅以人工照明，合理设计楼梯的坡度、宽度、跨距，并采用防滑结构和楼梯扶手等工程技术措施，就可以避免这类事故的发生。料仓周围和深水池周围没有栏杆或栏杆不全时，作业人员常常容易掉进仓内或池内，发生跌伤或烫伤等伤亡事故。如果增设栏杆，且设有宽畅的通道，有防滑措施，也可以避免这类事故的出现。高处作业时，如果设置有安全防护网或系好安全带，则高空坠落物体伤人或作业人员坠落伤害也可以避免。在交通拥挤的繁华道口，如果采取立交形通道，就可以大大减少或杜绝交通事故。采用二次仪表监测有害气体或有毒气体的压力，可以防止因为一次仪表故障而泄漏毒物，造成中毒事故等。上述例子中所提出的技术措施都是常见的、易于实现并且有良好效果的工程技术措施。然而却不能得到人们的足够重视或生产单位的运用，酿成了很多不应该发生的事故。

2. 安全教育措施

1）安全教育的必要性

安全教育是防范和预防事故的重要手段之一。要想控制事故，首先是采用安全工程技术手段或措施，如安装报警装置和联锁装置等，通过某种信息交流方式告知人们危险的存在或发生；其次则是要求人在感知到有关信息后，应正确理解信息的意义，即何种危险发生或存在，该危险对人会有何种伤害，以及有无必要采取措施和应采取何种应对措施等。而上述过程中有关人员对信息的理解认识和反应的部分均是通过安全教育的手段实现的。

当然，用安全技术手段消除或控制事故是解决工程中不安全问题的最佳选择。但在科学技术较为发达的今天，即使人们已经采取了较好的技术措施对事故进行预防和控制，人的行为仍要受到某种程度的制约。相对于用制度和法规对人的安全制约，安全教育是采用一种和缓的说服、诱导的方式，授人以改造、改善和控制危险之手段和指明通往安全稳定境界之途径，因而更容易为大多数人所接受，更能从根本上起到消除和控制事故的作用；而且通过接受安全教育，人们会逐渐提高其安全素质，使得其在面对新环境、新条件时，仍有一定的保证安全的能力和手段。

所谓安全教育，实际上应包括安全教育和安全培训两大部分。安全教育是通过各种形式，包括学校的教育、媒体宣传、政策导向等，努力提高人的安全意识和素质，学会从安全的角度观察和理解要从事的活动和面临的形势，用安全的观点解释和处理自己遇到的新问题或对待新环境。

安全教育主要是一种意识的培养，是长时期的甚至贯穿于人的一生中的，并在人的所有行为中体现出来，而与其所从事的职业并无非常直接的关系。而安全培训虽然也包含有关教育的内容，但其内容相对于安全教育要具体得多，范围要小得多，主要是一种安全技能的培训。安全培训的主要目的是使人掌握在某种特定的作业或环境下正确并安全地完成其应完成的任务，故也有人称在生产领域的安全培训为安全生产教育或安全管理教育。

安全教育的内容非常广泛，学校教育是最主要的教育途径之一。无论是在小学还是在中学、大学，学校都通过各种形式对学生进行安全意识的培养，其中包括组织活动，开设有关安全课程等。例如，我国目前在很多大中专院校将“安全管理学”或“安全工程导论”课程作为必修课开设，以解决和提高未来就业大军和科技人员的安全意识和安全素质。

安全寓于生产活动之中，因此安全教育不能脱离生产实际。我国目前在企业中开展或实现的三级安全教育法，就是一种从多年实践经验总结而得出的行之有效的方法。通过一定的安全教育和训练，能使作业人员掌握一定数量、种类的安全信息，形成正确的操作姿势和方法，形成安全的条件反射动作或行为。安全教育与培训的目的不仅仅只是为了学习安全知识，更重要的是要学会应用安全知识。如果每个作业人员不仅知其然，而且还知其所以然，那么，其行为就会由被动式或盲动式转变为主动式，由盲目服从变为自觉遵守。这样，也就达到了安全教育或培训的目的了。

2）安全教育的内容

我国目前在生产领域从中央到地方和各大型企业中，已形成了一整套安全教育体系。特别自国家安全生产监督管理总局（今为应急管理部）成立以来，从中央到地方组建的四级安全教育与培训资质，以及 2007 年国家出台对四级安全培训资质的验收标准或条件，都进一步促成了安全教育与培训的制度化和规范化。所以，各种安全教育形式和内容正在规范与形成之中。在一般情况下，安全教育通常包括以下 4 个方面的内容。

（1）安全知识教育。这是一种知识普及教育，是把教材的内容逐步储存在人的记忆中，成为作业人员“知道”或“了解”的东西。它与人们所说的“会”“能去办”有着不同的概念，是一种常识普及性的教育。

（2）安全技术教育。这是对个人进行的教育（如对特种作业人员的教育），往往需要进行反复多次的训练，直至生理上形成了条件反射，一进入岗位，就能按顺序和要求去完成规定的操作。它使作业人员不仅“知道”，而且在实际中“会干”，绝不是“虽然知道，也想安全作业，但实际上干不了”式的纸上谈兵。所以安全技术教育，实际上就是一种强化训

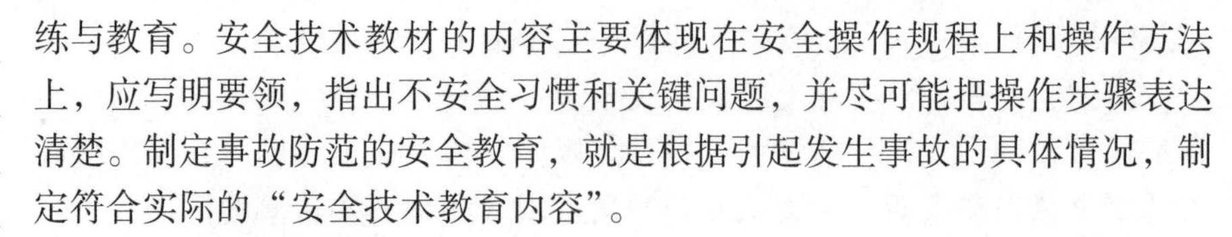

练与教育。安全技术教材的内容主要体现在安全操作规程上和操作方法上，应写明要领，指出不安全习惯和关键问题，并尽可能把操作步骤表达清楚。制定事故防范的安全教育，就是根据引起发生事故的具体情况，制定符合实际的“安全技术教育内容”。

（3）安全思想教育。除了进行安全业务、技术教育外，更重要的是对职工进行安全思想教育，使之牢固树立“安全第一”的思想。人们进行选择和判断行为的基础，是其根据经历所积累的知识和经验。安全思想、安全态度的教育，就是要清除人们头脑中那些不正确的知识和经验。为此，应针对人的性格与特点，采取适当的方法进行教育。本来，态度和行为是不同的概念，态度是属于精神范畴的内容。从心理学上来分析，某种态度是进行某种活动之前的心理准备状态。安全思想教育，就是要针对这种心理准备状态，即正在进行判断的状态，指出其判断的错误所在，让其思考、理解，并改正体现于表面的错误行为，以减少或杜绝伤害事故的发生。其实，安全思想教育也是一种潜移默化的安全行为教育，要求人们处处考虑和形成安全的习惯。从所有的小事中进行潜移默化的安全行为教育：例如，在道路或走廊行走或停留与人交谈，要靠右侧；在宿舍或教室要注意通风和人走灯灭；做事养成“预则立”或“有备无患”的思想等。

（4）典型事故实（案）例的教育。事故是血写的教训，用典型的事故实例与教训进行安全教育，是安全教育中最有说服力的一种教育。这也是我们事故管理者制定事故防范措施的一项重要工作，是使事故不再重复发生的教育方式。所以必须通过个别案（实）例中带有普遍意义的内容，采用鲜明、生动的宣传形式，进行有针对性的教育，使人印象深刻，牢记不忘。但一定要选择有代表性的案（实）例，并提出具体预防措施，使被教育者感到只要照着做就能防止事故，确保安全，不再发生事故。

3. *安全管理措施*

安全管理措施的内容很多，从生产规划、设计开始，到制造、加工、生产、维修等全过程中，无不存在着管理措施问题。此外，劳动组织和规章制度的建立、事故隐患清查与整改、现场指导等，都属于安全管理措施范畴。下面根据制定事故防范措施的内容，简单介绍一些重要的安全管理措施和必须掌握的安全内容。

1）建立、健全安全管理机构

在当今的生产领域，随着现代化生产的发展，分工越来越细，各个生产环节的协调、配合越来越重要。要把细分工综合起来，成为有系统、有联系的体系，步调一致地进行安全生产，必须建立与生产密切相关的安全管理组织。这个组织与生产管理组织的关系，如同一个人的左、右手一样缺一不可。在一般的情况下，若事故发生了，首先要检查的是安全管理机构是否建立健全和发挥作用。

2）明确安全管理人员及其职责

在一般的情况下，安全管理人员必须具备两个条件，一是热心于安全工作，二是能够胜任安全工作（熟知安全技术和现场工艺流程）。其主要职责包括：

（1）根据要求和生产需要，制定切合实际的安全规划和措施，预防事故的发生。

（2）能够进行安全检查与安全检测，协调和解决事故隐患。

（3）具备教学和教育能力，负责并进行安全教育与培训工作。

（4）了解和熟悉生产工艺，具备分析、调查事故，制定事故防范措施与对策的能力（如制定事故应急救援预案等），防止事故重复发生。

（5）根据上级指示、文件精神和企业实际状况，开展其所规定的有关安全业务工作及事故应急救援训练。

3）开展经常性的安全活动

安全部门应当成为安全生产活动的积极组织者。要鼓励职工的上进心，用精神和物质相结合的鼓励办法，开展经常性的、内容丰富的、形式多样的安全活动。如安全宣传月、安全竞赛活动、安全技术革新活动、安全合理化建议活动，安全大检查、事故隐患清查整改活动、文明生产活动等。

4）严格追查事故责任

查清事故原因及事故责任者往往比较复杂。因此，应当明确各级安全管理人员的职责范围，必须在责任问题上严格分清谁是谁非，做到照章办事，遵纪守法、赏罚分明，做到严格追查事故责任。

5）建立各项安全规程、制度

在道路交通中“没有红灯的约束，就没有绿灯的自由”。所以，建立必要的安全规章制度，可以限制和约束职工在生产环境中的“越轨”行为，并可以指导职工应该怎样做，不能做什么。国家颁布的各种安全法律、法规、规程、规范，起着法律作用，只有认真遵守，才能保证安全。否则就是犯法，就要负行政或法律责任。但要注意，现有的各种安全条例、规程、办法等，有的是具有局限性的，必须进行不断地补充和完善。

6）建立事故档案和事故伤害与险肇事故的报告制度

此项工作是制定事故防范措施的重要依据。建立事故档案和事故伤害与险肇事故统计报告制度，就是寻找事故发生规律、防止事故发生、检验事故防范措施的重要方法。应该实事求是、坚持不懈地遵守和执行。

7）社会性安全措施

除了上述各种管理措施外，还有法律监督，对危险作业的安全检查，对安全工作的统一领导，对事故进行工程学和卫生学以及统计学的研究，对作业人员进行安全心理学的研究等。这些社会性措施都是必不可少的重要内容，可以根据自己或企业的具体情况进行选择和应用。

（三）事故预防的基本原则

工业生产和现实的科学实践告诉我们，现代工业生产系统就是一个人造系统。因此，任何生产或生活中发生的事故从理论和客观上讲，都是可以预防的。

1. “事故可以预防”的原则

我国制定的“安全第一、预防为主、综合治理”的安全生产方针，可以说就是在“事故可以预防”这一原则基础上提出来的。这里所指的所有事故，是指非自然因素引起的伤亡事故。实质上，安全技术和安全工程学的基本内容都是事故预防问题，主要是研究和解释事故发生的原因和过程以及防止事故发生的理论与对策，是建立在“事故可以预防”这一基本原则基础之上的一门严谨的系统的学科。从“事故可以预防”这一原则出发，一方面要考虑事故发生后减少或控制事故损失的应急措施，另一方面更要考虑消除事故发生的根本措施。前者称为损失预防措施，属于消极的对策，后者称为事故预防措施，属于积极的预防对策。

对于事故预防，我们现在和以往过多倾向于研究事故发生后的应急对策。例如，为了减少或控制火灾、爆炸事故造成的损失，常采取诸如用防火结构的构筑物，或者限制易燃、易爆物的储存数量，或者控制一定的安全距离，以及安装火灾报警设备、灭火机或消防设施等。为了能及早发现并及早扑灭火灾，还常常预留安全避难设施、急救设施，制定事故应急预案，以便进行事故后的紧急处置。当然，在事故预防工作中，这些预防对策都是完全必要的，但这些都是消极的应急措施。积极进行事故预测预防，加强事故预防对策的研究，使事故根本不可能发生，才真正是安全管理工作的重点。所以，从“事故可以预防”这一总认识观点出发，才正是安全科学工作者所要研究的主要问题。

2. “防患于未然”的原则

多次的事故发生已经证明，事故与损失是偶然性的关系。任何一次事故的发生，都是其内在因素作用的结果，但事故何时发生以及发生后是否造成损失，损失的多少和程度如何等，都是由偶然因素决定的。即使是反复出现的同类事故，各次事故的损失情况通常也是各不相同的。有的可能造成人员伤亡，有的可能造成物质、财产损失，有的既有伤亡又有物质财产的损失，也可能未造成任何损失（险肇事故）。众所周知的海因里希1：29：300的事故法则，就是从55万余次事故的统计中得出来的比率。它表明在330次事故中，有一次会出现重伤或死亡的严重事故后果。但究竟会在哪一次事故中出现呢？是在第1次还是在第330次呢？这是由偶然性决定的，人们无法做出判断。海因里希法则只能说明事故与伤害程度之间存在的概率原则。再如，瓦斯爆炸事故发生以后，设备被破坏的范围及程度，人员受伤害的情况，有无火灾并发现象等，与爆炸的地点、人员所处的位置、周围可燃物的数量等偶然因素有关，人们事先难以判断。所以说，事故与后果存在着偶然性的关系，难以把握和预料。

为此，我们安全工作者唯一的、积极的办法就是防患于未然，因为只有完全防止了事故的发生，才能避免由事故所引起的各种程度的损失。如果仅从事故后果的严重程度来分析事故的性质，以此作为判断事故是否需要预防的依据，这显然是片面的，甚至是错误的。因为事故后果反映不了事故前的不安全状态、不安全行为以及管理上的缺陷。因此，从预防事故的角度考虑，绝对不能以事故是否造成伤害或损失作为是否应当预防的依据。对于未发生伤害或损失的险肇事故，如果不及时采取有效的防范措施，以后也可能会发生具有伤害或损失的偶然性事故。因此，对于已发生伤害或损失的事故及未发生伤害或损失的险肇事故，均应全面判断隐患，分析原因。只有这样，才能准确地掌握发生事故的倾向及频率，提出比较切合实际的预防对策。

3.“对于事故的可能原因必须予以根除”的原则

大量的事故发生已经证明，事故与其发生的原因是必然性的关系。任何事故的发生总是有原因的。事故与原因之间存在着必然性的因果关系，如图 5.2.3 所示。因此，要按事故与原因的关系，去理解事故发生的经过和引起事故之因。

损失 ←—事故发生←——事故直接原因←——事故间接原因 ←—— 基础原因

图 5.2.3　事故发生的因果关系

为了使事故预防措施有效，首先应当对事故进行全面的调查和分析，准确地找出直接原因、间接原因以及基础原因。在事故调查报告中，有的只列出造成事故的直接原因，即事故发生前的瞬间所做的或发生的事情，或者说是在时间上最接近事故发生的原因，而没有从管理缺陷及造成管理缺陷的基础原因去分析，所采取的预防对策也往往只是针对直接原因而言的，所以预防措施常常不起作用，甚至于类似的事故总是重复发生。因为直接原因几乎很少是事故的根本原因。

4.“全面治理”的安全原则

所谓“全面治理”的原则，就是应从安全技术、安全教育、安全管理三个方面入手，采取相应措施，全面预防事故。即预防事故的“3E”对策，因为技术（Engineering）对策、管理（Enforcement）对策和教育（Education）对策三个英文单词的第一个字母均为 E，也有人称之为“3E”原则。换言之，为了防止事故发生，必须在上述三个方面实施事故预防与控制的对策，而且还应始终保持三者间的均衡，合理地采取相应措施，或结合使用上述措施，才有可能搞好事故预防工作，如图 5.2.4 所示。

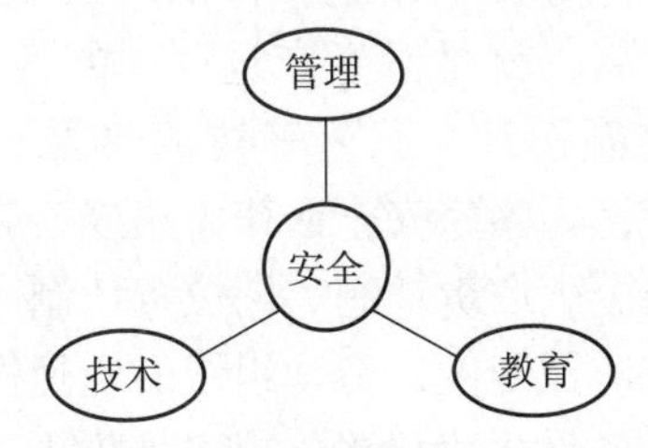

图 5.2.4　事故预防“3E”对策

必须指出的是，安全技术对策着重解决物的不安全状态问题；安全教育对策和安全管理对策则主要着眼于人的不安全行为问题，安全教育对策主要使人知道应该怎么做，而安全管理对策则是要求人必须怎么做。

1）事故预防技术对策

事故预防技术对策，是指以工程技术的手段解决不安全问题，预防事故的发生及减少事故造成的人员伤亡和财产损失。即在计划、设计、检修和保养时，对设备、设施、操作等，从安全角度考虑应采取的措施。它与安全工程学中的安全对策相辅相成，不可分割。

当人们准备设计一台机械设备或者新建一座工厂时，首先要研究和分析可能会有哪些潜在的危险，推测发生各种潜在危险的可能性，并从技术上提出防止这些危险的对策和措施。为了实施技术对策，应当掌握有关物质、设备或设施的构成情况，存在的危险性以及控制危险的方法。为此，必须全面收集和整理有关资料，测定有关物质的危险特性，进行有关的试验研究，以便达到质的安全。

2）事故预防教育对策

所谓事故预防教育对策，是指通过家庭、学校以及社会等途径的传授与培训，掌握安全知识及正确的作业方法，从而保证人和所从事的工作的安全。

在正常的情况下，我们每个人从幼年时期开始就应灌输必要的安全知识，在大中专院校和技工学校应当系统地学习安全工程学知识。对在职人员，应根据其具体业务进行安全技术（包括事故管理在内）教育，对工人应该进行三级安全教育和特殊工种的培训教育。教育的内容包括安全知识、安全技能、安全态度三个方面。从而全面解决人对安全的正面认识和自我保护能力。

3）事故预防管理（法制）对策

所谓管理（法制）对策，系指由国家机关、企业组织等，制定有关安全方面的法律、规范和安全标准，并颁布执行，以及进行经常性的监督检查。

例如，针对物质的不安全状态，制定了一系列安全防护设施和标准。如控制或监测仪器，安全防护装置，危险场所的遮栏、信号或标志、密封或隔离措施，起重设备行程限制器、过卷限制开关及过载限制器，防爆器材或安全间，电气设备绝缘措施及接地或接零装置，个体防护用品等。并采取监督检查措施保证这些安全设施和标准的正常运转。针对管理缺陷，加强控制手段。所谓控制，就是对生产过程中的各项管理工作实行控制，提高管理水平，严格控制设计、工艺等技术问题上的不合理性或不安全性；制定有关规章制度，如国家安全法律、法规、设计规范、安全技术规程、各级各类人员的安全生产责任制、岗位责任制、安全操作规程和严格检查制度、维修制度、监护制度；劳动组织的合理性，对现场检查及指导的正确性、及时性等。各种法律法规、规定是防止事故应该遵守的最低要求，员工应自觉遵守各种安全作业标准。随着生产的进步或新生产工艺的出现，也会出现新的管理措施，而法律或法规的修改往往不能及时跟上。因此，即使遵守了法律法规，也不能说绝对不出事故。可以说，安全法律法规的内容是保障安全的必要条件，但不是充分条件。

在事故预防或制定事故预防措施中，就是要选择最恰当的防范对策，而最恰当的防范（技术）对策，来源于对事故原因的分析。所以，事故管理技术的重点是找准事故原因（事故的直接原因和间接原因），制定恰当的事故预防措施，以防止事故的发生。

安全从细节做起（视频文件）

附录

附录 1 接触触电技术措施任务评价表

<table>
<tr><td>姓名</td><td></td><td>学号</td><td></td><td>班级</td><td></td></tr>
<tr><td>组别</td><td></td><td>日期</td><td colspan="3"></td></tr>
<tr><td>评价项目</td><td>评价内容</td><td colspan="3">评价标准</td><td>分数</td></tr>
<tr><td>资料准备（15 分）</td><td>专业资料准备（15 分）</td><td colspan="3">优：能根据任务，熟练查找专业网站和专业书籍，咨询资深专业人士，获取需要的较全面的专业资料；
良：能根据任务，查找专业网站或专业书籍，或通过资深专业人士，获取需要的部分专业资料；
差：没有查找专业资料或资料极少</td><td></td></tr>
<tr><td rowspan="6">实际操作（65 分）</td><td>工具准备（5 分）</td><td colspan="3">优：工具准备完备；
良：工具准备不完备；
差：缺工具</td><td></td></tr>
<tr><td>架空线路与配电设备防直接接触触电技术措施报告（5 分）</td><td colspan="3">优：高压架空线路电压等级识别方法正确、安全距离正确，110 kV 室外变压器防直接接触触电措施正确、完善；
良：高压架空线路电压等级识别方法基本正确、安全距离存在 1 项错误，110 kV 室外变压器防直接接触触电措施正确，但不够完善；
差：高压架空线路电压等级识别方法错误，安全距离存在 2 项及以上错误，110 kV 室外变压器防直接接触触电措施错误、不完善</td><td></td></tr>
<tr><td>导线的选择（5 分）</td><td colspan="3">优：导线截面积正确，线色使用正确；
良：导线截面积较大，线色使用正确；
差：导线型号选择错误、导线截面积选择错误或一次接线相色错误</td><td></td></tr>
<tr><td>元器件检测（5 分）</td><td colspan="3">优：检测方法正确，判断正确；
良：检测方法正确，判断存在较小错误；
差：检测方法错误，判断严重错误</td><td></td></tr>
<tr><td>工器具的使用（5 分）</td><td colspan="3">优：正确使用工器具；
良：工具使用不当、掉工具、脚踩工具或使用钳口折弯损伤导线一处总共不超过 2 次；
差：工具使用不当、掉工具、脚踩工具或使用钳口折弯损伤导线一处总共超过 2 次</td><td></td></tr>
<tr><td>漏电保护器的试验（10 分）</td><td colspan="3">优：操作正确，试验次数 3 次；
良：操作正确，试验次数 2 次；
差：操作错误，试验次数少于 2 次</td><td></td></tr>
</table>

续表

姓名		学号		班级	
组别		日期			
评价项目	评价内容	评价标准			分数
实际操作（65分）	电路分合（5分）	优：操作正确； 良：操作存在个别不严重的错误； 差：操作错误			
	操作情况（5分）	优：操作规范，在规定时间内完成； 良：操作规范，较规定时间略长； 差：操作不规范			
	施工工艺（10分）	优：元器件整体美观大方，布线横平竖直、排列整齐，扎带间距均匀，方向一致，无带尾，导线连接全部完成； 良：元器件整体美观大方，扎带间距均匀，方向一致，无带尾，导线连接全部完成，布线排列不整齐； 差：元器件安装明显偏斜，布线不整齐，扎带间距不均匀，方向不一致，导线连接未全部完成			
	漏电保护器安装、试验记录（5分）	优：正确填写安装、试验记录； 良：填写安装、试验记录存在个别错误； 差：填写安装、试验记录缺项过多或未填写			
	低压配电屏防间接接触触电措施分析报告（5分）	优：内容能全面反映任务完成情况和学习过程，能总结本次任务存在的问题，并提出改进办法； 良：内容能全面反映任务完成情况和学习过程，能总结本次任务存在的问题，但没有提出改进办法； 差：内容不能全面反映改造工作情况和学习过程			
基本素质（20分）	团队合作精神（10分）	优：能进行合理分工，在工作过程中能相互协商，共同完成任务； 良：能进行合理分工，在工作过程中相互协商、相互帮助不够，但能共同完成任务； 差：分工不合理，个别人极少参加工作任务，相互间不协商和帮助			
	劳动纪律（10分）	优：能完全遵守现场管理制度和劳动纪律，无违纪行为； 良：能遵守现场管理制度，迟到/早退1次； 差：违反现场管理制度，或有1次旷课			
总成绩				教师签名	

附录 2　电力安全生产技能任务评价表

<table>
<tr><td>姓名</td><td></td><td>学号</td><td></td><td>班级</td><td></td></tr>
<tr><td>组别</td><td></td><td>日期</td><td colspan="3"></td></tr>
<tr><td>评价项目</td><td>评价内容</td><td colspan="3">评价标准</td><td>分数</td></tr>
<tr><td>资料准备（15 分）</td><td>专业资料准备（15 分）</td><td colspan="3">优：能根据任务，熟练查找专业网站和专业书籍，咨询资深专业人士，获取需要的较全面的专业资料；
良：能根据任务，查找专业网站或专业书籍，或通过资深专业人士，获取需要的部分专业资料；
差：没有查找专业资料或资料极少</td><td></td></tr>
<tr><td rowspan="3">实际操作（65 分）</td><td>通用安全技能（20 分）</td><td colspan="3">优：内容能全面反映任务完成情况和学习过程，能总结本次任务存在的问题，并提出改进办法；
良：内容能全面反映任务完成情况和学习过程，能总结本次任务存在的问题，但没有提出改进办法；
差：内容不能全面反映改造工作情况和学习过程</td><td></td></tr>
<tr><td>供电安全技能（25 分）</td><td colspan="3">优：内容能全面反映任务完成情况和学习过程，能总结本次任务存在的问题，并提出改进办法；
良：内容能全面反映任务完成情况和学习过程，能总结本次任务存在的问题，但没有提出改进办法；
差：内容不能全面反映改造工作情况和学习过程</td><td></td></tr>
<tr><td>发电安全技能（20 分）</td><td colspan="3">优：内容能全面反映任务完成情况和学习过程，能总结本次任务存在的问题，并提出改进办法；
良：内容能全面反映任务完成情况和学习过程，能总结本次任务存在的问题，但没有提出改进办法；
差：内容不能全面反映改造工作情况和学习过程</td><td></td></tr>
</table>

续表

<table>
<tr><td>姓名</td><td></td><td>学号</td><td></td><td>班级</td><td></td></tr>
<tr><td>组别</td><td></td><td>日期</td><td colspan="3"></td></tr>
<tr><td>评价项目</td><td>评价内容</td><td colspan="3">评价标准</td><td>分数</td></tr>
<tr><td rowspan="2">基本素质（20）</td><td>团队合作精神（10）</td><td colspan="3">优：能进行合理分工，在工作过程中能相互协商，共同完成任务；
良：能进行合理分工，在工作过程中相互协商、相互帮助不够，但能共同完成任务；
差：分工不合理，个别人极少参加工作任务，相互间不协商和帮助</td><td></td></tr>
<tr><td>劳动纪律（10）</td><td colspan="3">优：能完全遵守现场管理制度和劳动纪律，无违纪行为；
良：能遵守现场管理制度，迟到/早退1次；
差：违反现场管理制度，或有1次旷课</td><td></td></tr>
<tr><td>总成绩</td><td colspan="3"></td><td>教师签名</td><td></td></tr>
</table>

附录3　电力安全工具检查、使用与保管任务评价表

姓名		学号		班级	
组别		日期			
评价项目	评价内容	评价标准			分数
资料准备（15分）	专业资料准备（15分）	优：能根据任务，熟练查找专业网站和专业书籍，咨询资深专业人士，获取需要的较全面的专业资料； 良：能根据任务，查找专业网站或专业书籍，或通过资深专业人士，获取需要的部分专业资料； 差：没有查找专业资料或资料极少			
实际操作（65分）	验电器的使用（15分）	优：能够按照正确方法使用验电器； 良：在使用验电器的时候，没有出现较大的错误； 差：不会使用验电器			
	佩戴防护性安全工器具（15分）	优：能够按照正确方法佩戴防护性安全工器具； 良：能够按照正确方法佩戴防护性安全工器具，没有出现较大的错误； 差：不能够按照正确方法佩戴防护性安全工器具			
	工器具的保管与存放（35分）	优：能够按照正确方法保管和存放安全工器具； 良：在保管和存放安全工器具时，没有出现较大的错误； 差：不能够正确保管和存放安全工器具			
基本素质（20分）	团队合作精神（10分）	优：能进行合理分工，在工作过程中能相互协商，共同完成任务； 良：能进行合理分工，在工作过程中相互协商、相互帮助不够，但能共同完成任务； 差：分工不合理，个别人极少参加工作任务，相互间不协商和帮助			
	劳动纪律（10分）	优：能完全遵守现场管理制度和劳动纪律，无违纪行为； 良：能遵守现场管理制度，迟到/早退1次； 差：违反现场管理制度，或有1次旷课			
总成绩				教师签名	

附录4　登杆作业任务评价表

<table>
<tr><td>姓名</td><td></td><td>学号</td><td></td><td>班级</td><td></td></tr>
<tr><td>组别</td><td></td><td>日期</td><td colspan="3"></td></tr>
<tr><td>评价项目</td><td>评价内容</td><td colspan="3">评价标准</td><td>分数</td></tr>
<tr><td>资料准备（15分）</td><td>专业资料准备（15分）</td><td colspan="3">优：能根据任务，熟练查找专业网站和专业书籍，咨询资深专业人士，获取需要的较全面的专业资料；
良：能根据任务，查找专业网站或专业书籍，或通过资深专业人士，获取需要的部分专业资料；
差：没有查找专业资料或资料极少</td><td></td></tr>
<tr><td rowspan="2">实际操作（65分）</td><td>着装和工器具的准备（15分）</td><td colspan="3">优：工作人员的安全帽、安全带、脚扣、工作服、手套合格、齐备，工作现场已设置围栏；
良：工作人员的安全帽、安全带、脚扣、手套合格但未正确着装，工作现场已设置围栏；
差：工作人员的安全帽不合格、未戴手套且未正确着装等</td><td></td></tr>
<tr><td>登杆前检查（15分）</td><td colspan="3">优：已检查脚扣、安全带有无试验合格证，是否超期使用；脚扣的胶皮是否松脱、金属部件是否锈蚀等；电杆基础、杆身及杆塔是否倾斜；已进行脚扣及安全带的冲击试验；吊绳佩戴正确；
良：已检查脚扣、安全带有无试验合格证，是否超期使用；未检查脚扣的胶皮是否松脱、金属部件是否锈蚀等；已检查电杆基础、杆身及杆塔是否倾斜；已进行脚扣及安全带的冲击试验；吊绳佩戴正确；
差：检查脚扣、安全带有无试验合格证后，未检查是否超期使用；未检查脚扣的胶皮是否松脱、金属部件是否锈蚀；未进行脚扣及安全带的冲击试验等</td><td></td></tr>
</table>

续表

<table>
<tr><td>姓名</td><td></td><td>学号</td><td></td><td>班级</td><td></td></tr>
<tr><td>组别</td><td></td><td>日期</td><td colspan="3"></td></tr>
<tr><td>评价项目</td><td>评价内容</td><td colspan="3">评价标准</td><td>分数</td></tr>
<tr><td rowspan="2">实际操作（65分）</td><td>登杆（30分）</td><td colspan="3">优：上杆时根据作业点确定登杆位置，脚扣能完全扣紧电杆，稳步登杆；下杆时，脚扣步伐一致，幅度均匀；在规定时间内完成；
良：上杆时根据作业点确定登杆位置，脚扣未扣紧电杆，登杆基本完成，但不熟练；下杆时，脚扣步伐不一致，幅度不够均匀；基本在规定时间内完成；
差：根据作业点确定登杆位置，脚扣未扣紧电杆，登杆基本完成，但不熟练且严重超时</td><td></td></tr>
<tr><td>清理现场（5分）</td><td colspan="3">优：已清理干净工作现场，工具已整理；
良：基本清理干净工作现场，工具未整理；
差：未清理工作现场，工具未整理</td><td></td></tr>
<tr><td rowspan="2">基本素质（20分）</td><td>团队合作精神（10分）</td><td colspan="3">优：能进行合理分工，在工作过程中能相互协商，共同完成任务；
良：能进行合理分工，在工作过程中相互协商、相互帮助不够，但能共同完成任务；
差：分工不合理，个别人极少参加工作任务，相互间不协商和帮助</td><td></td></tr>
<tr><td>劳动纪律（10分）</td><td colspan="3">优：能完全遵守现场管理制度和劳动纪律，无违纪行为；
良：能遵守现场管理制度，迟到/早退1次；
差：违反现场管理制度，或有1次旷课</td><td></td></tr>
<tr><td>总成绩</td><td colspan="3"></td><td>教师签名</td><td></td></tr>
</table>

附录5 灭火器使用任务评价表

姓名		学号		班级	
组别		日期			
评价项目	评价内容	评价标准			分数
资料准备（15分）	专业资料准备（15分）	优：能根据任务，熟练查找专业网站和专业书籍，咨询资深专业人士，获取需要的较全面的专业资料； 良：能根据任务，查找专业网站或专业书籍，或通过资深专业人士，获取需要的部分专业资料； 差：没有查找专业资料或资料极少			
实际操作（65分）	着装（5分）	优：着装符合要求； 良：着装基本符合要求； 差：着装不符合要求			
	火警报警方法（20分）	优：报警方法正确，讲述清楚，能详细描述着火基本情况； 良：报警方法正确，讲述不够清楚，但仍然能描述着火基本情况； 差：报警方法错误，无法准确详细地描述着火情况			
	灭火器的选择（10分）	优：根据具体着火情况进行判断，能选择最适合现场环境的灭火器灭火； 良：根据具体着火情况进行判断，能选择较为合适的灭火器灭火； 差：根据具体着火情况进行判断，无法选择相应合适的灭火器灭火			
	灭火器的使用（30分）	优：使用方法正确，操作规范，能在短时间内扑灭火灾； 良：使用方法正确，操作规范，扑灭时间较长； 差：使用方法不正确，操作不规范，无法扑灭火灾			

续表

<table>
<tr><td>姓名</td><td></td><td>学号</td><td></td><td>班级</td><td></td></tr>
<tr><td>组别</td><td></td><td>日期</td><td colspan="3"></td></tr>
<tr><td>评价项目</td><td>评价内容</td><td colspan="3">评价标准</td><td>分数</td></tr>
<tr><td rowspan="2">基本素质（20 分）</td><td>团队合作精神（10 分）</td><td colspan="3">优：能进行合理分工，在工作过程中能相互协商，共同完成任务；
良：能进行合理分工，在工作过程中相互协商、相互帮助不够，但能共同完成任务；
差：分工不合理，个别人极少参加工作任务，相互间不协商和帮助</td><td></td></tr>
<tr><td>劳动纪律（10 分）</td><td colspan="3">优：能完全遵守现场管理制度和劳动纪律，无违纪行为；
良：能遵守现场管理制度，迟到/早退 1 次；
差：违反现场管理制度，或有 1 次旷课</td><td></td></tr>
<tr><td>总成绩</td><td colspan="3"></td><td>教师签名</td><td></td></tr>
</table>

附录6　电气防火措施任务评价表

姓名		学号		班级	
组别		日期			
评价项目	评价内容	评价标准			分数
资料准备（15分）	专业资料准备（15分）	优：能根据任务，熟练查找专业网站和专业书籍，咨询资深专业人士，获取需要的较全面的专业资料； 良：能根据任务，查找专业网站或专业书籍，或通过资深专业人士，获取需要的部分专业资料； 差：没有查找专业资料或资料极少			
实际操作（65分）	工具准备（5分）	优：工具准备完备； 良：工具准备基本完备； 差：缺重要工具			
	仿真变电站防火措施的巡视检查（30分）	优：安全、规范地到现场实地巡视检查，完成现场防火措施巡视，做好消防设施器材检查记录，内容完整详细； 良：现场实地巡视检查不够规范，现场巡视检查记录基本完整； 差：未到现场实地巡视检查，无现场巡视检查记录			
	电气实验楼防火措施的巡视检查（30分）	优：安全、规范地到现场实地巡视检查，完成现场防火措施巡视检查报告，内容完整、详细、正确； 良：现场实地巡视检查不够规范，现场巡视检查记录基本完整，基本正确； 差：未到现场实地巡视检查，无现场巡视检查记录或内容错误多			
基本素质（20分）	团队合作精神（10分）	优：能进行合理分工，在工作过程中能相互协商，共同完成任务； 良：能进行合理分工，在工作过程中相互协商、相互帮助不够，但能共同完成任务； 差：分工不合理，个别人极少参加工作任务，相互间不协商和帮助			
	劳动纪律（10分）	优：能完全遵守现场管理制度和劳动纪律，无违纪行为； 良：能遵守现场管理制度，迟到/早退1次； 差：违反现场管理制度，或有1次旷课			
总成绩				教师签字	

附录7　触电急救任务评价表

<table>
<tr><td>姓名</td><td></td><td>学号</td><td></td><td>班级</td><td></td></tr>
<tr><td>组别</td><td></td><td>日期</td><td colspan="3"></td></tr>
<tr><td>评价项目</td><td>评价内容</td><td colspan="3">评价标准</td><td>分数</td></tr>
<tr><td>资料准备（15分）</td><td>专业资料准备（15分）</td><td colspan="3">优：能根据任务，熟练查找专业网站和专业书籍，咨询资深专业人士，获取需要的较全面的专业资料；
良：能根据任务，查找专业网站或专业书籍，或通过资深专业人士，获取需要的部分专业资料；
差：没有查找专业资料或资料极少</td><td></td></tr>
<tr><td rowspan="5">实际操作（65分）</td><td>脱离电源（10分）</td><td colspan="3">优：立即断开触电者电源，无任何使救护人员或触电者处于不安全状态的情况；
良：断开触电者电源的时间较长，但无任何使救护人员或触电者处于不安全状态的情况；
差：断开触电者电源时发生使救护人员或触电者处于不安全状态的情况</td><td></td></tr>
<tr><td>脱离电源后的处理（10分）</td><td colspan="3">优：操作程序正确，操作规范，在规定时间内完成；
良：操作程序正确，操作不是很规范，或操作略超出了规定时间；
差：操作程序错误或操作严重错误，时间过长</td><td></td></tr>
<tr><td>胸外按压（15分）</td><td colspan="3">优：按压位置正确，操作规范，按压频率符合要求；
良：按压位置正确，按压力度合适，但按压频率略快或略慢；
差：按压位置错误，按压力度过大或过小，按压频率过快或过慢</td><td></td></tr>
<tr><td>口对口人工呼吸（15分）</td><td colspan="3">优：操作规范，频率符合要求；
良：操作规范，频率略快或略慢；
差：操作不规范，频率过快或过慢</td><td></td></tr>
<tr><td>抢救过程的再判断（5分）</td><td colspan="3">优：操作规范，在规定时间内完成；
良：操作规范，较规定时间略长；
差：操作不规范</td><td></td></tr>
</table>

续表

<table>
<tr><td>姓名</td><td></td><td>学号</td><td></td><td>班级</td><td></td></tr>
<tr><td>组别</td><td></td><td>日期</td><td colspan="3"></td></tr>
<tr><td>评价项目</td><td>评价内容</td><td colspan="3">评价标准</td><td>分数</td></tr>
<tr><td>实际操作（65分）</td><td>触电急救报告（10分）</td><td colspan="3">优：内容能全面反映任务完成情况和学习过程，能总结本次任务存在的问题，并提出改进办法；
良：内容能全面反映任务完成情况和学习过程，能总结本次任务存在的问题，但没有提出改进办法；
差：内容不能全面反映任务完成情况和学习过程</td><td></td></tr>
<tr><td rowspan="2">基本素质（20分）</td><td>团队合作精神（10分）</td><td colspan="3">优：能进行合理分工，在工作过程中能相互协商，共同完成任务；
良：能进行合理分工，在工作过程中相互协商、相互帮助不够，但能共同完成任务；
差：分工不合理，个别人极少参加工作任务，相互间不协商和帮助</td><td></td></tr>
<tr><td>劳动纪律（10分）</td><td colspan="3">优：能完全遵守现场管理制度和劳动纪律，无违纪行为；
良：能遵守现场管理制度，迟到/早退1次；
差：违反现场管理制度，或有1次旷课</td><td></td></tr>
<tr><td>总成绩</td><td colspan="3"></td><td>教师签名</td><td></td></tr>
</table>

附录8　电力生产典型事故分析任务评价表

<table>
<tr><td>姓名</td><td></td><td>学号</td><td></td><td>班级</td><td></td></tr>
<tr><td>组别</td><td></td><td>日期</td><td colspan="3"></td></tr>
<tr><td>评价项目</td><td>评价内容</td><td colspan="3">评价标准</td><td>分数</td></tr>
<tr><td>资料准备（15分）</td><td>专业资料准备（15分）</td><td colspan="3">优：能根据任务，熟练查找专业网站和专业书籍，咨询资深专业人士，获取需要的较全面的专业资料；
良：能根据任务，查找专业网站或专业书籍，或通过资深专业人士，获取需要的部分专业资料；
差：没有查找专业资料或资料极少</td><td></td></tr>
<tr><td rowspan="3">实际操作（65分）</td><td>事故背景资料收集（15分）</td><td colspan="3">优：事故背景资料收集客观、公正、全面；
良：事故背景资料收集较客观、公正、全面；
差：事故背景资料收集不全</td><td></td></tr>
<tr><td>事故分析（30分）</td><td colspan="3">优：事故定性准确，事故问题与违反规程的相关条款对应正确；
良：事故定性准确，但与规程上相关条款对应错误；
差：事故等级和类型判断错误，无依据</td><td></td></tr>
<tr><td>防范措施（20分）</td><td colspan="3">优：应吸取的经验教训和针对事故采取的防范措施恰当、准确；
良：应吸取的经验教训和针对事故采取的防范措施较恰当、准确；
差：应吸取的经验教训或针对事故采取的防范措施不准确，不恰当</td><td></td></tr>
<tr><td rowspan="2">基本素质（20分）</td><td>团队合作精神（10分）</td><td colspan="3">优：能进行合理分工，在工作过程中能相互协商，共同完成任务；
良：能进行合理分工，在工作过程中相互协商、相互帮助不够，但能共同完成任务；
差：分工不合理，个别人极少参加工作任务，相互间不协商和帮助</td><td></td></tr>
<tr><td>劳动纪律（10分）</td><td colspan="3">优：能完全遵守现场管理制度和劳动纪律，无违纪行为；
良：能遵守现场管理制度，迟到/早退1次；
差：违反现场管理制度，或有1次旷课</td><td></td></tr>
<tr><td>总成绩</td><td colspan="3"></td><td>教师签字</td><td></td></tr>
</table>

附录9 外出血救护实操考核表

姓名：　　　　　　　　　班级：　　　　　　　　学号：

外出血部位：

第一部分：

考核项目	分值	考核标准	得分
观察环境，并做好自我防护	1	观察并报告险情已排除	
	1	戴手套或口述已做好自我防护	
表明身份	1	表明救护员身份	
安慰伤者，将伤者置于适当体位	1	有安慰伤者，将伤者置于适当体位	
合计	4		

第二部分：

考核项目	分值	考核标准	结果
检查受伤部位	1	检查或口述伤口有无异物	
直接压迫止血	★	由救护员实施或救护员指导伤者自行用敷料压迫在伤口上并施加压力。无直接压迫止血或只放敷料，没有施加压力，为不合格	
保证敷料清洁	1	保证敷料清洁（若敷料落在地上，须更换敷料）	
包扎方法	2	包扎方法正确，得2分，否则不得分	
包扎松紧适度	★	包扎过紧（严重影响血液循环）或过松（不能有效固定敷料及保持足够压力），为不合格	
承托伤肢	1	若需要，选用正确悬臂带承托伤肢	
观察伤肢及伤员	1	检查伤肢末梢血液循环、运动情况及感觉	
合计得分	6		

重点项目全部合格　是□　否□　得分项目：　　　分

考核结果：

考核教师（签字）：　　　　　　　　考核日期：

附录10　成人心肺复苏实操考核表

姓名：　　　　　　　　　班级：　　　　　　学号：

第一部分：

考核项目	分值	考核标准	得分
观察环境，并做好自我防护	1	观察并报告险情已排除	
	1	戴手套或口述已做好自我防护	
判断意识、呼吸	1	轻拍伤病员双侧肩膀，俯身高声呼叫伤病员	
	1	判断伤病员是否有呼吸或有无正常呼吸，时间不超过 10 s	
表明身份	1	表明救护员身份	
紧急呼救	1	寻求周围人拨打急救电话及其他帮助	
合计	6		

第二部分：

请在考核循环方格内打“√”或“×”，★代表重点项目，若3个循环或以上打“√”，则此项考核合格，否则为不合格。非重点考核项目，每个考核循环方格为1分，总分17分，每次操作正确得1分，否则不得分。

考核项目	考试循环					结果
	1	2	3	4	5	
★按压部位						
★按压频率						
★按压深度						
★胸廓回复原状						
清除异物，打开气道						
口对口吹气						
按压与吹气比（30∶2）						
打开气道，评估呼吸	观察呼吸不超过 10 s，报告复苏成功					
复苏后护理	整理伤员衣服，报告操作完成					

备注：重点项目全部合格，得分项目16分以上（含16分），本次考核为“合格”。

重点项目全部合格　是□　否□　得分项目：　　　分

考核结果：

考核教师（签字）：　　　　　　　　考核日期：

附录11 四肢骨折救护实操考核表

姓名：　　　　　　　　班级：　　　　　　　　学号：

骨折部位：

第一部分：

考核项目	分值	考核标准	得分
观察环境，并做好自我防护	1	观察并报告险情已排除	
	1	戴手套或口述已做好自我防护	
表明身份	1	表明救护员身份	
安慰伤者，将伤者置于适当体位	1	有安慰伤者，将伤者置于适当体位	
合计	4		

第二部分：

考核项目	分值	考核标准	结果
检查受伤部位	1	检查伤处，得1分，没有检查不得分	
检查血液循环、运动情况及感觉	1	检查血液循环、运动情况及感受	
使用衬垫	1	正确使用衬垫，得1分	
伤肢固定	★	夹板的长度应超过骨折处的上下关节	
	1	先固定骨折的上端（近心端），再固定下端（远心端）	
	1	绑带不得系在骨折处，若系在骨折处，不得分	
	★	固定后，上肢为屈肘位，下肢为伸直位，否则为不合格	
观察伤肢及伤员	1	检查伤肢末梢血液循环、运动情况及感觉	
合计得分	6		

重点项目全部合格　是□　否□　得分项目：　　　分

考核结果：

考核教师（签字）：　　　　　　　考核日期：

参 考 文 献

[1] 康华光，邹寿彬．电子技术基础数字部分［M］．第四版．北京：高等教育出版社，2005.

[2] 朱鹏．事故管理与应急处置［M］．北京：化学工业出版社，2018.

[3] 黄兰英．电力安全作业［M］．北京：中国电力出版社，2011.

[4] 中国红十字会总会．救护员［M］．北京：人民卫生出版社，2015.

[5] 马海珍，张志伟．触电防范及现场急救［M］．北京：中国电力出版社，2015

[6] 于殿宝．事故预测预防［M］．北京：人民交通出版社，2007.

[7] 许庆海．电力安全工作规程［M］．第四版．北京：中国电力出版社，2013.

[8] 宋美清，陈莲明．电力安全工器具使用与管理［M］．北京：中国电力出版社，2015.

[9] 李越冰．图说电力安全工器具使用与管理［M］．北京：中国电力出版社，2016.

[10] 袁明波，高霞，刘青，杨立峰．实用电路基础［M］．北京：机械工业出版社，2019.

[11] 张斌，黄均艳．安全检测与控制技术［M］．北京：化学工业出版社，2018.

[12] 张艳，艳孙辉，陈晨．防火防爆技术［M］．成都：西南交通大学出版社，2019.